DES PRINCIPALES

RACES BOVINES

DE FRANCE

D'ANGLETERRE ET DE SUISSE

PAR

E. DE DAMPIERRE

Représentant des Landes,
Membre du Conseil général de l'Agriculture,
des Manufactures et du Commerce.

*Le labourage et le pasturage sont les deux
mamelles de la France.*   (SULLY.)

PARIS

DUSACQ, LIBRAIRIE AGRICOLE DE LA MAISON RUSTIQUE

RUE JACOB, N° 26

Et chez tous les Libraires de la France et de l'Étranger.

DES PRINCIPALES

RACES BOVINES

DE FRANCE,

D'ANGLETERRE ET DE SUISSE.

Paris. — Typographie de Firmin Didot frères, rue Jacob, 56.

DES PRINCIPALES
RACES BOVINES
DE FRANCE,
D'ANGLETERRE ET DE SUISSE.

Par E. DE DAMPIERRE,

REPRÉSENTANT DES LANDES,
MEMBRE DU CONSEIL GÉNÉRAL DE L'AGRICULTURE,
DES MANUFACTURES ET DU COMMERCE.

Le labourage et le pasturage sont les deux
mamelles de la France.   (SULLY.)

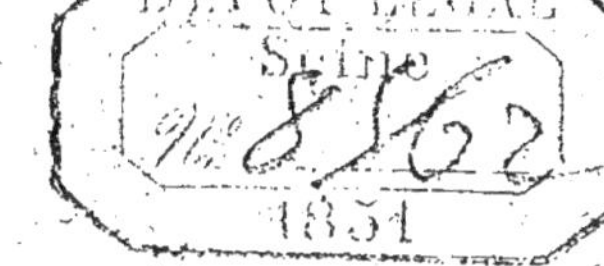

PARIS,

LIBRAIRIE AGRICOLE DE LA MAISON RUSTIQUE,

DUSACQ, RUE JACOB, N° 26,

Et chez tous les Libraires de la France et de l'étranger.

DES PRINCIPALES
RACES BOVINES
DE FRANCE,
D'ANGLETERRE ET DE SUISSE

Par E. DE DAMPIERRE,

DIRECTEUR DES HARAS,
MEMBRE DU CONSEIL GÉNÉRAL DE L'AGRICULTURE,
DES MANUFACTURES ET DU COMMERCE.

L'agriculture et le pâturage sont les deux
mamelles de la France. — SULLY.

PARIS,
LIBRAIRIE AGRICOLE DE LA MAISON RUSTIQUE
DUSACQ, RUE JACOB, No 26.
Et chez tous les Libraires de la France et de l'Étranger.

TABLE DES MATIÈRES.

CHAPITRE IV.

RACES BOVINES SUISSES.

LISTE DES GRAVURES.

—

—

DES PRINCIPALES

RACES BOVINES

DE FRANCE,

D'ANGLETERRE ET DE SUISSE.

> Le labourage et le pasturage sont les deux
> mamelles de la France.   (SULLY.)

Le succès des idées absolues en France est quelque chose de désespérant. La découverte la plus précieuse est bientôt appliquée à tort et à travers, et son utilité se trouve compromise par l'inintelligence de ses imprudents admirateurs.

C'est ainsi que, dans les croisements de nos races bovines, on a dédaigné nos précieux types français ; on s'est engoué tantôt d'une race étrangère, tantôt d'une autre, et après avoir importé les races suisses de Fribourg et de Schwitz indistinctement dans toutes les parties de la France, on s'en est dégoûté, on les a déclarées mauvaises, pour s'éprendre d'une passion bien autrement vive pour la race anglaise de Durham, que l'on proclame bonne pour tous les usages, capable de satisfaire les exigences, si diverses et si contradictoires, de l'élevage des bestiaux sur tous les points de notre territoire.

De même que l'on a cru à tort que les races suisses, races de travail avant tout, devaient améliorer les races oisives et élevées seulement pour la boucherie ; — de même on croit à tort, maintenant, que la race de Durham, race de boucherie, aux os minces et aux développements charnus et graisseux si prodigieux qu'ils l'embarrassent dans sa marche, doit améliorer nos races de travail.

Il y a de l'injustice à exiger d'une race qu'elle agisse par son croisement dans des sens absolument contradictoires. Si l'on doit s'étonner d'une chose, c'est de rencontrer ces exigences chez des hommes qui ont étudié ces questions et qu'un savoir véritable ne garantit pas cependant de dangereuses illusions ; de les rencontrer surtout dans le gouvernement, qui, par l'impulsion qu'il donne, décuple ou le bien ou le mal qu'il fait, et que cette force d'action devrait obliger à agir avec une prudence excessive.

N'a-t-il pas manqué à cette prudence en

donnant des encouragements de toutes sortes
à l'emploi de la race de Durham, dans toutes
les parties de la France indistinctement ; encouragements qui ont consisté, soit dans la
vente de taureaux de cette espèce, importés
d'Angleterre ou nés dans les établissements
de l'État avec primes aux comices qui les
achetaient ; soit dans les prix offerts dans
les concours de boucherie, et en très-forte
proportion, à la précocité de l'engraissement,
qualité que donne à un degré supérieur à
toutes les autres la race de Durham ?

Je suis bien loin de vouloir décrier la race
de Durham ; je l'ai en haute estime et la crois
capable de faire beaucoup de bien ; mais je
compte démontrer que l'on est dans une erreur dangereuse, en voulant l'employer indistinctement partout ; de même que l'on est
dans l'erreur en repoussant, d'une manière
absolue, les belles races travailleuses et laitières de Fribourg et de Schwitz ; dans une
erreur plus fatale encore, en ne gardant pas
pures de tout mélange quelques-unes de nos
remarquables races françaises, si faciles à
perfectionner par l'emploi exclusif de bons
reproducteurs mâles indigènes.

La race de Durham convient parfaitement
aux pays qui élèvent exclusivement pour la
boucherie, qui laissent leurs bœufs inoccupés,

et ont un grand avantage à pousser à la précocité pour diminuer leur prix de revient, en abrégeant le temps pendant lequel il faut les nourrir; aux pays qui doivent rechercher la diminution des os, au profit des parties charnues qui seules comptent à la boucherie; car les os, d'ailleurs, pendant la vie de l'animal, absorbent inutilement et au détriment des parties qui ont plus de valeur, une portion de la nourriture consommée.

Les races suisses conviennent aux pays qui élèvent avant tout pour le travail, dont les animaux doivent rendre des services dès l'âge de dix-huit mois, qui font tous les labours, tous les transports, obtenus si chèrement des chevaux en Normandie, pendant que les bœufs restent inactifs au pâturage ; elles sont bonnes pour perfectionner les animaux dont la charpente osseuse demande à être forte et régulière; car, on le sait, l'action musculaire est la première condition exigée des animaux de travail, et les muscles agissent avec plus de force dans ceux qui ont les éminences osseuses les plus prononcées.

Il est enfin des races indigènes qui ne doivent s'améliorer que par elles-mêmes, *en dedans*, comme disent les Anglais, et qui satisfont parfaitement aux conditions de climat, de nourriture et de travail auxquelles elles sont soumises. Elles sont à la fois homogènes, régulières, sobres, fortes et courageuses au travail; leur lait est suffisamment abondant; leur chair est bonne pour la boucherie, et préférée à celle des races étrangères.

S'il était possible de rencontrer une race qui réunît la sobriété à l'aptitude au travail, à la précocité pour la boucherie et à la production abondante du lait, ah! certes, cette race serait propre à tous les pays. Il faudrait la propager partout, dans les montagnes comme dans les plaines, dans les pays riches comme dans les pays pauvres. Mais une telle merveille n'a pas encore été créée, et si deux des qualités que nous indiquons se trouvent réunies à un degré éminent, on doit être moins exigeant pour la troisième et se trouver bien partagé.

Les races françaises, et celles au moyen desquelles on peut les améliorer, ne sont malheureusement connues que d'un très-petit nombre de personnes. Avec la louable intention d'améliorer, de perfectionner, en général, on marche en aveugle. Sur des oui-dire, on est entraîné à des essais coûteux qui ne réussissent pas. Le découragement en est la conséquence la plus naturelle.

J'ai pensé qu'il pouvait être utile, pour les éleveurs, de mettre sous leurs yeux une des-

cription de nos principales races françaises et
des races étrangères introduites en France.
Ils jugeront ainsi par eux-mêmes, par le rapprochement des habitudes et des aptitudes de
chacune de ces races, si elles conviennent
dans les conditions économiques et climatériques de telle ou telle contrée. — Mais aupa-
ravant, je m'expliquerai sur l'importance de
la race bovine appliquée au travail, importance que l'on semble trop méconnaître.

Personne ne conteste l'utilité de nos races
bovines au point de vue de la production du
lait et de celle de la viande, aussi bien que de
la fabrication des engrais nécessaires à l'agriculture ; mais j'ai souvent entendu affirmer
qu'une agriculture bien entendue devait remplacer le travail des bœufs par celui des
chevaux, et cette théorie m'a semblé si pleine
de dangers, appuyée sur des faits si erronés,
que je devais la repousser. Je ne m'éloignerai
pas, d'ailleurs, de mon cadre, en cherchant à
maintenir toute leur importance aux diverses
espèces élevées principalement en vue du
travail.

CHAPITRE PREMIER.

De l'importance de la race bovine.

L'application du cheval à la culture est
d'invention moderne et a pénétré insensible-
ment dans les habitudes des peuples du Nord,
dont les races sont plus appropriées que celles
du Midi à cet usage. Il en a été ainsi des
diverses provinces de France : celles qui produisent de gros chevaux les ont appliqués
à la culture ; celles qui en produisent de légers ont conservé les races bovines. Mais il
faut d'abord constater que, dans la plus grande
partie de la France, le travail se fait encore par
les bœufs, et je crois qu'il est aisé de démontrer l'avantage considérable qu'offre ce mode
de culture. Il est si bien ancré dans les mœurs,
d'ailleurs, que la science économique lui ap-
portant la preuve de son insuffisance, ne par-
viendrait pas à le détruire et qu'elle n'arri-
verait tout au plus qu'à l'altérer dans son
unité et à diminuer ainsi sa fécondité et les
proportions de ses avantages.

Mais quelle peut être la supériorité du travail du cheval sur celui du bœuf? C'est ce
que nous allons voir.

Comparons d'abord leurs forces. Dans les
races de chevaux de trait, l'effort ne s'éloi-

gne pas du poids de l'animal lui-même. Christian l'a fixé à 360 kilog.; Tredgold, à 400 kilog. avec des chevaux moyens ; mais ce n'est là, bien entendu, qu'un effort qui ne peut durer qu'un instant, et qui ne mesure pas la force de traction d'un cheval avec continuité, sans fatigue extraordinaire et telle qu'elle se dépense, dans un travail journalier, à l'allure du pas. Celle-là doit se régler de 50 à 100 kilogr., suivant la force du cheval, la nature du travail et sa durée. Les expériences faites à cet égard, dans des conditions différentes, me font apprécier que, pour un cheval de labour, l'effort peut aller à 100 kilog.; mais son allure, alors, se ralentit presque à la moitié de ce qu'est celle d'un cheval traînant une charrette sur une route, avec un effort de 50 kilog.

M. de Gasparin dit que « deux chevaux de charrue, d'un poids moyen de 320 kilog., et qu'il a vus travailler en automne, ouvraient, par journée de 10 heures, 16,495 mètres de sillons ; ils marchaient à une vitesse de 0 m. 46 c. par seconde, et produisaient un effort de 98 kilog. »

Pour le bœuf, il en est comme pour le cheval : sa force musculaire est supposée être égale à son poids; mais, comme pour le cheval aussi, l'effort considérable que cette appréciation indique ne peut durer qu'un instant et ne donne pas la mesure de la force de l'animal dans un travail constant, régulier, et qui n'abuse pas de ses facultés. Je crois cependant que l'effort continu que peut faire un bœuf, comparé à sa force musculaire et statique, est supérieur à celui du cheval, et j'en trouverai les raisons dans la différence du caractère de ces deux animaux.

Le bœuf travaille d'une manière constamment égale; la résistance ne rebute pas ses efforts, sa patience est à toute épreuve : il ralentit sa marche si l'effort devient plus considérable, sans impatience, sans découragement. Pour le cheval, au contraire, sa vivacité le rend capable d'un vigoureux coup de collier; mais aussi une résistance continue et considérable l'irrite, l'épuise, finit par le rebuter.

M. de Gasparin s'exprime ainsi :

« Soit pour résister à un effort qui l'entraîne, soit pour vaincre une résistance qui lui est opposée, le caractère individuel de l'animal et celui de sa race et de son espèce doivent être pris en considération.

« Le bœuf a de très-grandes qualités comme animal de trait ; d'abord il travaille d'une manière égale, continue, et est susceptible de prolonger ses efforts autant que dure la résistance ; mais arrivé à ce maximum, on n'en obtiendrait pas cet effort suprême provenant d'un déploiement instantané et rapide de la force musculaire qui, imprimant une grande vitesse à la masse, produit une force vive qui surmonte l'obstacle, et que l'on obtient du cheval; mais aussi, après ces déploiements excessifs d'énergie, le cheval s'arrête, se rebute, refuse de les renouveler, s'il n'a pas obtenu la victoire du premier coup, ou s'il faut les répéter trop souvent. Le bœuf peut continuer longtemps les labours les plus fatigants, et retenir dans leur chute les corps auxquels il était attelé pendant un temps presque indéfini. »

On peut donc admettre que si, pour un cheval du poids moyen de 320 kilogr., l'effort peut être de 100 kilogr., pour un bœuf de 450 à 500 kilogr., il peut aller de 200 à 220 kilogr. De là, ce me semble, la constatation évidente de la supériorité du bœuf sur le cheval pour tous les ouvrages qui exigent un fort tirage et un effort constant. Je cite encore M. de Gasparin : « La lenteur même du bœuf, dit l'illustre savant, combinée avec sa force, le rend éminemment propre aux travaux durs et pénibles qui exigent une résistance constante et uniforme. Tels sont les labourages dans les terrains durcis, ou les labours profonds, les charrois sur des pentes escarpées. Le cheval impatient s'y épuiserait en efforts pour surmonter un obstacle qui renaîtrait sans cesse ; les bœufs y emploient une force constante qui surmonte peu à peu les difficultés. . . . . On peut obtenir du bœuf une somme de travail mécanique égale à celle du cheval de même taille. Il laboure une surface beaucoup moindre ; mais il soulèvera un cube de terre aussi grand. »

On objecte, contre le travail des bœufs, que leur marche est difficile dans les terrains glaiseux, pierreux, et sur la terre fortement gelée. Bien qu'il soit certain que le pied du cheval soit, pour ces circonstances, mieux conformé que celui du bœuf, la ferrure remédie en grande partie à ces inconvénients. On a calculé, en Allemagne, qu'en raison des diverses circonstances que je viens de signaler, les bœufs ne faisaient que 250 journées de travail pendant que les chevaux en faisaient 300. En Suisse, la proportion est de 220 à 260 ; mais dans un très-grand nombre de pays, dans le Midi spécialement, le bœuf fournit autant de journées de travail que le cheval, et l'on sait que dans ces pays précisément les races de chevaux y sont légères, impropres à tirer de forts poids, et qu'on ne saurait, sans des dépenses extraordinaires, y entretenir les grosses races de trait du nord de la France, tandis que les fortes races bovines y prospèrent merveilleusement. Et c'est là un bienfait de la Providence, attentive à nos besoins, car on ne saurait se passer d'un puissant moteur pour les profonds labours des plaines de la Garonne et du Tarn, par exemple.

Un bœuf de taille moyenne fait aisément 24 kilomètres en 8 heures, et quelques-unes de nos races légères du Midi ou du Morvan marchent beaucoup plus vite : j'ai même souvent vu des bœufs dans les Landes, dans les Pyrénées, en Espagne, faire 80 kilomètres dans une nuit et un jour, et trotter longtemps de suite, fort vite, comme d'excellents chevaux, sans s'essouffler.

On calcule que, dans le travail, l'allure du bœuf est tantôt des *deux tiers*, tantôt des *trois quarts* de celle des chevaux; mais le bœuf peut travailler dans un jour plus longtemps que le cheval, et ses attelées doivent être de 10 heures pour les travaux pénibles, de 11 à 12 heures pour les travaux légers de hersages, de semailles, etc., de sorte que, en somme, le travail du bœuf atteint bien au delà de la proportion des *deux tiers* de celui du cheval. D'après l'habile agriculteur sir John Sinclair, cette proportion est, en Angleterre, de *trois quarts ;* mais, en Angleterre, les races bovines de travail sont, selon moi, fort inférieures à nos races françaises, tandis que les races chevalines y sont excellentes. La proportion pour la France sera appréciée plus justement, si on s'en rapporte à Mathieu de Dombasle, qui dit, dans ses *Annales de Roville* (t. Ier, p. 162), « qu'en Lorraine, la proportion du travail est des *quatre cinquièmes.* »

D'un autre côté, cependant, M. de Gasparin raconte avoir vu en automne des chevaux labourer 33 ares, pendant que les bœufs n'en labouraient que 25. Ce ne serait que les *trois quarts;* mais il faudrait savoir si la qualité des bœufs était en rapport avec celle des chevaux, si la largeur des tranches de terre prises était la même pour les deux attelages; car, bien que le cube de terre soulevé soit plus considérable et le travail plus pénible quand un attelage prend de larges tranches, on comprendra aisément qu'il diminue d'autant ainsi le parcours qu'il aura à faire. S'il a à parcourir 4,000 mètres en prenant des tranches de 14 centimètres, il n'en aura plus que 2,000 si les tranches sont de 28 centimètres.

M. de Pradt, insistant sur cette observation, que si le cheval travaille plus vite, il ne travaille pas si longtemps chaque jour que le bœuf, estime que le cheval et le bœuf font un travail absolument égal.

Quoi qu'il en soit, les avantages économiques de l'emploi des bœufs dans le travail restent encore assez considérables, ainsi que nous allons le voir en poursuivant la comparaison, pour prémunir les agriculteurs prudents contre de dangereuses innovations.

Le bœuf consomme beaucoup de nourriture, mais il est infiniment moins exigeant que le cheval sur sa qualité : il ne mange ni avoine ni orge, et il maintient parfaitement ses forces à la nourriture en vert, qui ne suffit pas au cheval qui travaille. Après une journée pénible, il passera souvent la nuit sur de maigres pacages, et y réparera complétement ses forces ; des feuilles sèches de maïs, de la paille médiocre, suffisent à sa ration. Les plus fortes chaleurs ne l'empêchent pas de manger ; il est l'animal de trait de l'Espagne, de l'Italie, des Arabes et des Indiens. Sobre et vigoureux, il ne redoute aucun climat, ne dépense pas ses forces en pure perte, et se couche, sans quitter le joug, sur la terre nue, dure ou humide, peu lui importe, pour ruminer et se reposer pendant les temps d'arrêt et le repos de ses conducteurs.

Chaque jour de cette vie laborieuse, le bœuf acquiert quelque valeur de plus par l'augmentation progressive et, pour ainsi dire, mathématique de son poids, qui établit son prix de vente à la boucherie, au terme de sa carrière. M. de Pradt a dit très-justement que « les che-

vaux se vendaient à la forme et les bœufs au
poids. » Des agriculteurs intelligents, au
moyen d'une comptabilité régulière, de pesées
mensuelles de leurs animaux, d'observations
attentives, en sont venus à connaître parfaitement l'accroissement journalier d'un bœuf, à
toutes les périodes de son existence, suivant
les régimes auxquels il est soumis, le travail
plus ou moins long qu'on exige de lui ou le
repos absolu qu'on lui laisse. Ils savent que,
dans telles et telles conditions, tant de kilogrammes de fourrages font tant de kilogrammes de chair ou de graisse. Les uns prétendent trouver leur profit à pousser à la
précocité et à n'exiger aucun travail de leurs
bœufs ; les autres, au contraire, en exigent un
travail rude et régulier. Ils ont raison, les
uns et les autres, suivant les pays où ils élèvent ;
je ne veux pas ici discuter leurs systèmes,
mais prouver que tous reconnaissent cette loi
de la nature, que les animaux de la race bovine
augmentent graduellement de poids jusqu'à
un âge assez avancé, et augmentent chaque
jour de valeur, par conséquent ; tandis que le
cheval, dont la nourriture en avoine, orge,
féverolles, son et farine, est fort dispendieuse,
arrive progressivement et en avançant en âge
à un prix à peu près nul, et diminue par conséquent de valeur chaque jour.

« *Le bœuf*, dit le vieil Olivier de Serres, *est de facile entretenement, dépends peu en son vivre ordinaire ; mais le cheval est la beste de labourage de plus grande despence que nulle autre en son vivre.* »

Voici comment s'exprime à cet égard l'illustre agriculteur Thaër. Après avoir discuté diverses méthodes d'entretien du bétail, il ajoute : « Quelle que soit celle de ces nourritures que l'on adopte, les bœufs, loin de diminuer de force et d'embonpoint, augmentent au contraire de valeur et couvriront même l'intérêt de leur capital. Si cependant, en considération de cet intérêt et du risque, nous mettons encore à la charge du bœuf 12 + par année, un bœuf entretenu aussi bien que possible ne coûtera guère que le quart de ce que coûte un cheval ; et si même on admet que quatre bœufs de rechange ne fassent pas plus d'ouvrage que deux chevaux, ce travail fait avec des bœufs sera cependant de la moitié meilleur marché que s'il eût été fait avec des chevaux. »

A l'appui de cette assertion, voici un extrait d'un intéressant travail fait par M. Durand, ancien maire de Saint-Gilles (Gard), et actuellement régisseur de M. de Gasparin. Ce travail établit le prix de revient de la nourriture et de l'entretien des bœufs et des chevaux, et par conséquent le prix de revient comparatif du travail exécuté par ces animaux.

12 paires de bœufs étaient nourris neuf mois à l'étable et trois au pâturage;

6 juments étaient nourries à l'écurie.

Voici la dépense de ces divers animaux :

BOEUFS.

Nourriture.

		fr.	c.
2,160 journées où l'on a donné 309ᵏ.20 de marc de raisin (12 litres par individu) à 2 fr. l'hectol..		518	40
4,320 — à 15 kil. de foin à 3 fr. les 100 kil..................		1,944	
2,280 — à 0 fr. 30 c. par jour......		684	
8,760 journées........................		3,146	40

Par journée, 0 fr. 359.

Dépense annuelle.

	f.r	c.
Nourriture................................	3,146	40
1 palefrenier............................	800	
12 valets ou bouviers....................	7,200	
Ferrures et outils à 23 fr. par couple.......	276	
Harnais et vétérinaire......................	72	
Intérêts du capital du cheptel à 550 la paire (6,600) à 10 p. 0/0...................	660	
	12,154	40

Ou par couple, 1,012 fr. 87 c.; soit, par jour moyen, 2 fr. 814, et pour 252 jours de travail, chaque jour 4 fr. 019. Mais comme on parvient, au moyen du charroi, à porter le nombre des journées à 275, la journée de travail coûte 3 fr. 672.

6 JUMENTS.

Nourriture.

			fr.	c.
2,160 journées à 16 kil. de foin à 5 fr. les 100 kil.			1,728	
2,160 — à 6 litres d'avoine			1,666	40
360 — à 3 litres de farine d'orge à 12 fr. l'hect.			129	60
4,680 journées			3,524	

Par journée, 1 fr. 40 c.

Dépense annuelle.

Nourriture	3,024 fr.
1/2 palefrenier	400
3 valets à l'année à 750 fr.	2,280
3 valets à 6 mois à 800 fr.	1,200
Ferrure et entretien d'outils (54 fr. par couple)	162
Harnais (abonnement à 15 fr. par couple)	135
Vétérinaire (3 fr. par bête)	18
Intérêts du capital de 3,600 fr. (600 fr. par jument) à 21 p. 0/0	720
	7,939

Chaque jument occasionne une dépense de 1,223 fr. 17 c. par an, soit, pour chaque jour moyen, 3 fr. 251, et pour chacune des 252 journées de travail, 4 fr. 854; enfin, en admet-

tant 275 jours de travail, à cause du charroi,
4 fr. 448.

La journée d'une couple de bœufs coûte donc. 3 fr. 672
 — — de juments ...., 8 896

Examinons maintenant le travail effectué.
Avec le bœuf, on laboure, savoir :

Défoncement de 1 hectare avec.. 2 couples en 5 jours.
Labours d'ameublissement .... 1 — 5
Avec le scarificateur (Griffon).. 1 — 1

Ainsi, avec les bœufs, la jachère complète
coûtera :

fr. c.

  Labour de défoncement........ 36 72
  2 labours d'ameublissement.... 36 72
  1 labour d'ensemencement..... 3 67
            —————
            77 11

Avec les juments, on laboure :

Défoncement de 1 hectare avec.. 2 couples en 3 jours.
2 labours suivants............ 1 — 3
Avec le scarificateur ....,..... 1 — 1/4

La journée étant, pour la couple, de 8 fr. 896,
la jachère complète coûtera :

  Défoncement............. 53 376
  2 labours d'ameublissement.. 53 376
  1 labour de semaille........ 8 896
            —————
           115 648

Le travail fait par les bœufs coûte donc

77 fr. 11 c. par hectare; fait par les chevaux, il coûte 115 fr. 648.

Maintenant, il y a un autre calcul à faire à l'avantage des chevaux : c'est que, ces derniers allant plus vite, ils cultiveront 20 hectares pendant que les bœufs n'en cultivent que 12, et il leur restera encore un supplément de 30 journées disponibles pour les charrois.

En somme, et en les considérant par rapport au temps employé à labourer un même espace, on trouve que

> Le bœuf vaut........ .... 1.00
> et que la jument vaut... 0.60

C'est-à-dire que 6 juments feraient le travail de 10 bœufs; mais que les 6 juments coûteraient par an 7,939 fr., les 10 bœufs 5,060 fr.

Et, on le voit, ces calculs sont encore basés sur une ration fort économique pour les juments, tandis que l'on n'ignore pas que la ration ordinaire d'un cheval de ferme, aux environs de Paris, par exemple, est de 15 à 18 litres d'avoine et du foin à volonté. Il faut lui donner, en outre, des soins plus intelligents et plus délicats, plus de place à l'écurie, des harnais plus chers. S'il lui survient un accident, il n'est plus bon que pour l'équarrisseur, pendant que le bœuf conserve pour le boucher la plus grande partie de sa valeur.

Tandis que le capital engagé dans le chep-
tel d'une ferme se conserve, s'augmente même
infailliblement par une administration intel-
ligente, quand la culture est faite par des
bœufs; que la même intelligence ne peut prévenir cette loi fatale de l'anéantissement du
capital à un jour donné, quand la culture
est faite par des chevaux, il y a encore un
autre avantage qu'il est utile de faire ressortir : c'est la différence du capital engagé. Une
belle et bonne paire de bœufs de travail coûte
au plus de 6 à 700 francs ; une belle et bonne
paire de chevaux de 1,800 francs à 2,000 francs,
trois fois le prix des bœufs ; et c'est à peine,
nous l'avons vu, si le gros capital engagé,
et qui doit périr, fournira *un cinquième* ou
un quart de plus que le petit capital, qui doit
se conserver et progresser même avec un peu
de soin. — Quel est, dans le Midi, le paysan
qui consent à livrer ses bœufs achetés depuis six
mois sans gagner quelque chose sur leur prix?

Et pourquoi ne pas dire encore la différence de mœurs, d'habitudes, que semblent
communiquer à ceux qui les soignent les animaux entre lesquels j'établis ici un parallèle?
Verra-t-on souvent un bouvier violent, impé-
tueux comme le sont un si grand nombre de
charretiers? Non ; il est toujours pacifique et
grave dans ses manières, et il y a pour cela

de bonnes raisons : le bœuf s'effraye du bruit, il est sensible à la crainte, à la colère, et des manières brutales le rendraient indocile et incapable des services qu'on en réclame. Le cheval, au contraire, vif et gai dans ses mouvements, le plus souvent sans rancune contre les coups de son guide, n'a rien de ce qui apaise un caractère emporté, et n'inspire ni le calme ni la crainte.

Doit-on conclure, de ces considérations, qu'il faut se hâter de remplacer partout le travail des chevaux par celui des bœufs ? Non, certes, telle n'est pas ma prétention. Les riches fermiers de la Flandre, de la Brie et de la Beauce tirent des chevaux un excellent parti : leurs exploitations, souvent considérables, puisqu'il y a des fermes qui sont louées jusqu'à 25,000 francs, demandent les agents de culture les plus rapides, et leur agriculture, plus avancée que dans tout le reste de la France, compense, par l'abondance et la qualité de ses produits, des mises de fonds plus considérables.

Non, ce que je veux conclure des observations que je viens de présenter, c'est que lorsqu'il est prouvé que le travail du bœuf est moins coûteux que celui du cheval, que c'est l'avis d'agriculteurs aussi éminents qu'*Olivier de Serres, Arthur Young, Thaër, Sir John*

Sinclair, *Mathieu de Dombasle* et *M. de Gasparin*, on ne doit pas chercher à la légère à substituer le cheval au bœuf dans les pays où l'espèce bovine est employée à la culture des terres, et bouleverser ainsi des habitudes prises et une situation économique fondée sur la tradition de longs siècles.

CHAPITRE II.

Races bovines françaises.

§ 1er. — *Considérations générales.*

Le recensement de 1837 a porté le nombre des bêtes bovines en France à 9,130,000, ainsi divisées : bœufs, 4,502,000; vaches, 4,628,000.

Le recensement de 1839 porte le nombre des bêtes bovines à 9,936,538, et celui de 1812 ne donnait que 6,681,952.

On voit donc que de 1812 à 1839 il y a une augmentation de 67 pour 100 sur la population bovine de la France, et il n'est pas douteux qu'une augmentation proportionnelle ne se soit encore produite dans la période de 1839 à 1851, sur laquelle aucun renseignement n'a encore été publié.

Jacques Bujault, prenant pour base le recensement de 1837, a calculé qu'au minimum les 9,130,000 animaux recensés donnaient un produit annuel de 284,700,000 fr., qui pouvait, par des améliorations, être porté à 319,700,000 fr.

Telle est l'importance de cette branche du revenu territorial.

Les races bovines qui couvrent la surface de la France comprennent deux catégories bien distinctes : les *races de travail* et les *races à lait et de boucherie.*

Les animaux appartenant aux *races de tra-*
vail ont bien aussi pour fin dernière la boucherie, mais ils doivent avant tout remplir
une première condition économique, celle de
la culture des terres, qui repose tout entière
sur leur aptitude au travail. On ne saurait
donc sans danger modifier dans de grandes
proportions cette aptitude; et il ne faut pas,
tout en cherchant à réunir à un certain degré
deux des qualités constitutives de l'espèce bovine, vouloir que le meilleur animal de trait
soit le meilleur animal de boucherie. Un bœuf
ne saurait être à la fois lourd de poids et
léger à la marche, lymphatique et vif, sobre
et facile à engraisser.

Les *races à lait* et les *races de boucherie*
appartiennent à une seule catégorie. C'est une
même disposition lymphatique qui tantôt
transforme les aliments en lait, tantôt les
transforme en graisse dans les animaux, et
ce fait est constaté par la pratique. Lorsque
les Bakewell et les Charles Colling voulurent
créer des races précoces et faciles à engraisser, ils agirent en alliant entre eux les animaux de la parenté la plus rapprochée, par les
croisements *in and in* (en dedans), dont la
propriété bien connue est de pousser les produits à l'état lymphatique.

C'est là aussi un fait accepté par la science;

et M. Boussingault, après avoir rapporté des
expériences à l'appui de ce phénomène, s'exprime ainsi : « Il existe donc entre la sécrétion
du lait et l'engraissement une relation évidente, que confirmerait encore au besoin une
note que nous devons à l'obligeance de
M. Yvart, et qui résume une longue suite
de faits. —La sécrétion du lait, dit ce savant
vétérinaire, semble alterner avec celle de la
graisse. Quand une vache laitière engraisse,
la lactation diminue. »

Races énergiques d'un côté, *races lymphatiques* de l'autre. Ce sont là deux grandes
divisions qui me semblent logiques, confor-
mes aux faits existants, acceptées depuis
longtemps par l'opinion publique.

A la science et à la pratique réunies, il appartient de communiquer à une race les qualités qui lui manquent par des croisements intelligents. C'est là ce qui constitue le progrès,
et sollicite les efforts de tous les agriculteurs.

C'est par les mâles que je conseillerai toujours d'agir quand on voudra soit augmenter
la taille, soit diminuer la grossièreté d'une
race, et tout changement de cette nature doit
entraîner un changement dans la nourriture.
Vouloir améliorer une race sans améliorer la
nourriture elle-même, c'est vouloir l'impossible, c'est s'exposer à un insuccès certain ; il

ne faut rien tenter à cet égard, sous peine de n'obtenir que du décousu dans les formes des produits, de la détérioration dans leur santé, des mécomptes et du ridicule pour soi.

Un habile agriculteur a dit : « L'amélioration des animaux est dans l'abondance de la nourriture. Pour améliorer les races, il faut les bien nourrir.

« Si vous dépensez votre argent en achats d'animaux étrangers ou indigènes avant d'avoir pourvu à leur nourriture, vous bâtirez sur le sable, ou commencerez la maison par la couverture.

« Tout se tient en agriculture : l'amélioration du sol amène celle des animaux; mais c'est par la terre qu'il faut commencer, parce que tout vient de là. »

Il vaut mieux mille fois encore conserver une race indigène pure avec ses imperfections, mais avec sa sobriété, sa facilité d'élevage et son acclimatation parfaite, que de tenter des améliorations sans les conditions de soins et de nourriture exigées. A chacun à calculer où est son intérêt; et, s'il faut se défier de la routine, il faut bien plus encore ne pas se hasarder dans des expériences mal faites, et qui tournent au détriment du progrès agricole.

On ne sait pas assez l'influence de la nourriture sur les animaux; elle est pour ainsi dire toute-puissante et mathématique. L'expérience et les livres sont bien d'accord là-dessus. — Elle doit être en proportion du poids de l'animal qui la reçoit : d'après MM. Riedesel et Boussingault, $1/60^e$ du poids vivant par jour, s'il s'agit seulement de son entretien; s'il s'agit de faire produire à l'animal de la viande, de la graisse ou du lait, cette ration doit aller jusqu'au double, c'est-à-dire $1/30^e$. «Et alors, dit M. Boussingault, en parlant des expériences de M. Riedesel, tout en les considérant comme présentant des résultats un peu trop favorables, comme donnant, si l'on veut, le maximum du pouvoir nutritif du foin ou de ses équivalents, on peut admettre, avec cet habile agriculteur, que 10 kilog. de foin produisent environ 10 litres de lait, ou bien à peu près 1 kil. de chair, renfermant 0,25 kil. de graisse. »

Les résultats obtenus par un de nos plus habiles éleveurs, M. de Béhague, confirment ces faits. Il calcule que ses bœufs à l'engrais, et mangeant 3 p. 0/0 deleur poids, produisent de 20 à 25 kil. de chair par mois.

Ce serait donc de *six fois* à *douze fois* son poids en fourrages secs qu'un animal devrait consommer dans l'année, suivant sa destination. Et il ne faut pas croire que des matières très-condensées, comme les grains et les farines, données en moindre quantité, rempliraient le même but. L'estomac est un organe qui demande à être rempli, et il faut qu'il reçoive une certaine masse de nourriture, parce qu'une plénitude suffisante produit seule la stimulation qui amène la sécrétion du suc gastrique et facilite la digestion. En outre, un changement de nourriture est nécessaire de temps en temps aux animaux nourris à l'étable; ils finissent par se dégoûter d'aliments qui sont constamment les mêmes, et ils obéissent ainsi sans doute à cette loi physiologique, qui fait que les prairies naturelles, qui renferment une multitude d'espèces d'herbes, sont bien plus favorables aux animaux que les pâturages artificiels.

Que l'on juge de ce que peut une nourriture abondante distribuée avec intelligence, par ce fait que me racontait un habile éleveur. Il acheta une petite vache bretonne, fort laide, mais qui paraissait bonne laitière, moyennant la faible somme de 48 fr. — Il lui donna un taureau de Durham, et de ce croisement naquirent de fort jolis veaux : il les éleva avec soin, et tous atteignirent les plus hauts poids; l'un d'eux fut vendu 1,100 fr.; les autres, des prix presque aussi élevés.

Cette question de la nourriture du bétail a

une telle influence sur sa production, que j'ai cru bon de m'écarter un instant, pour la traiter, du cadre que je m'étais imposé.

Les principales races de travail de France sont celles du Charollais, du Morvan, de l'Auvergne, du Limousin, de Chollet, de l'Agénois, de Bazas, de Gascogne, des Landes et des Pyrénées, d'Aubrac, de la Franche-Comté.

Les principales races laitières sont celles de Flandre, de Normandie, de Bretagne et du Jura français.

Une seule race peut-être, en France, réunit à un haut degré les conditions qui constituent les qualités des animaux de travail et en même temps celles des animaux de boucherie et de laiterie, c'est la race d'Auvergne : je n'ai pas dû hésiter, cependant, à la classer parmi les races de travail, car il n'en est pas de supérieure à elle sous ce rapport ; tandis que s'il est vrai qu'une des branches les plus importantes de l'agriculture de l'Auvergne consiste dans les produits de la laiterie et que ses riches pâturages favorisent cette industrie, il est incontestable cependant aussi que ses vaches sont bien loin d'être aussi laitières que celles de Flandre ou de Normandie.

Je n'ignore pas qu'un petit nombre de races ou de sous-races peu connues et peu importantes, en définitive, ne figureront pas dans mon travail; mais il m'a semblé que je devais chercher plutôt les proportions d'une étude large et succincte que celles d'une nomenclature minutieuse, qui eût entraîné d'inévitables obscurités.

§ 1er. — *Race normande*.

Les départements de la Manche et du Calvados sont les deux grands centres de production et d'élevage de la belle, nombreuse et importante race bovine de Normandie. On dit, en général, que la Manche fait naître, et que le Calvados élève et engraisse. Prise dans un sens général, cette assertion peut être vraie; mais elle ne l'est pas dans un sens absolu : on élève dans de moindres proportions dans le département du Calvados, mais on y élève ; et les animaux, d'une taille moins élevée, d'un poids moins considérable que ceux de la Manche, y sont d'une finesse, d'une qualité infiniment supérieures. C'est entre Caen et Lisieux que les qualités laitières des vaches, la régularité de leur conformation, ont été l'objet de soins plus particuliers. Elles portent le nom de *vaches de pays* et de *vaches de Hollande*, et cette dénomination semble indiquer une importation étrangère peu éloignée.

La race cotentine et la race de la vallée d'Auge sont tantôt désignées comme deux races parfaitement distinctes, tantôt comme ayant une seule et même origine. — La dernière supposition me semble la plus probable, et il suffit des différences de soins, d'hygiène, de nourriture, de la diversité des vues qui ont dirigé les croisements de la race depuis un grand nombre d'années, pour expliquer les modifications qui ont pu être apportées au type primitif commun. Il n'en est pas moins vrai cependant que deux races qui se distinguent par des qualités diverses et des différences tranchées, existent maintenant en Normandie : la grande et la petite.

Le Cotentin, avec ses gras pâturages, est parvenu à donner un développement extraordinaire à ses animaux, mais sans augmenter, il

faut le dire, leurs qualités : la taille, le poids,
semblent avoir été la préoccupation exclusive
des éleveurs ; et on pourra se faire une idée
de la masse énorme que présente un bœuf
cotentin, par les renseignements suivants sur
quelques-uns des bœufs gras promenés dans
Paris dans les dernières années de ces exhibi-
tions populaires.

Le bœuf gras de 1844 avait 1 m. 90 cent.
de hauteur, 2 m. 97 cent. de longueur, et
3 m. 25 c. de circonférence. — Un de ses rivaux de la même année pesait 1,370 kilog.

Le bœuf gras de 1845 (*le père Goriot*), âgé
de six ans, pesait 1,970 kilog.; il a produit
999 kilog. de viande nette et 125 kilog. de suif.

Le bœuf gras de 1846 avait 2 m. 46 cent. de
hauteur.

Le bœuf gras de 1847 (*Monte-Christo*) pesait 1,902 kilog., et il était inférieur en poids
et en taille à un autre bœuf, *Mina.* — La préférence ne lui fut accordée sur ses rivaux qu'à
cause de sa belle conformation et de son
excellent engraissement. Il y avait sur le marché de Poissy, le jour où il fut choisi, 1,800
bœufs de tous pays.

Le Cotentin a deux variétés de bétail : la
grande, qui est la race de boucherie la plus recherchée ; la petite, qui est la race *bringée*,
race de laiterie surtout. La ligne de démarca-

tion entre ces deux races ne laisse pas cependant que d'être assez difficile à établir, des croisements entre ces deux variétés ayant été pratiqués de tout temps.

Le bœuf cotentin a une viande estimée, mais sa conformation est défectueuse.

Il est serré des hanches, il a le dos voûté, le corps long, le ventre volumineux ; son engraissement n'est pas précoce, et cependant les éleveurs cotentins, ceux de Saint-Lô surtout, ont pour lui une admiration si exclusive, qu'ils n'admettent pas la possibilité d'une amélioration quelconque. Ils se sont souvent attiré, et à juste raison, le reproche d'entêtement fatal dans leurs routines, de la part de leurs compatriotes plus éclairés, ces routines pouvant les mener à la ruine.

Que se passe-t-il, en effet, dans toute la Normandie ? Confiants dans leur sol privilégié et dans les qualités incontestables de leur grande et belle race, les éleveurs du Cotentin, du Bessin et du pays d'Auge, laissent au hasard sa reproduction, et résistent, non pas seulement à l'introduction de la race des Durham, mais même à l'emploi des méthodes les plus rationnelles pour le perfectionnement de leur race par elle-même, ce qui, dans tous les pays où on élève des bestiaux, est accepté sans aucune contestation. En même temps,

le Nivernais, le Cher, la Vendée, la Bretagne, l'Auvergne, le Limousin et les plaines
de la Garonne, font les efforts les plus énergiques pour perfectionner leurs races, que les
voies de fer rapprochent des marchés sur lesquels autrefois personne ne venait faire concurrence aux bœufs normands. Le Nivernais,
le Cher et la Vendée montrent déjà en plus
grande quantité des animaux bien engraissés,
et engraissés à meilleur marché qu'en Normandie. Pendant ce temps-là, le gouvernement, cédant aux représentations si justes
des contrées qui ne fournissent que des animaux de petite taille et de faible poids, a sol-
licité et obtenu une loi d'après laquelle les
animaux de boucherie payent le droit d'octroi, non plus par tête, mais proportionnellement à leur poids; de telle sorte que des
bœufs de 300 kilogrammes, qui, autrefois,
payaient le même droit que ceux de 1,200,
ne payent plus que le quart, et que les bœufs
normands perdent ainsi le privilége que
leur donnait leur poids considérable dans
l'ancien système. Enfin, le libre échange
cherche à s'introduire dans la place, à bouleverser l'économie de notre système actuel de
douanes; et il faut bien prédire que la première porte que lui ouvriront les réclamations
des provinces de l'est sera celle de l'abaisse-

ment ou même de la suppression des droits d'entrée sur les bestiaux étrangers. *La viande à bon marché !* est un cri populaire ; et les meilleurs esprits, séduits par le désir d'accorder ce bienfait à leur pays, ne réfléchissant peut-être pas assez à la cruelle atteinte qu'ils porteraient, par un abaissement de droits, à notre agriculture nationale, pourront bien se laisser entraîner.

La Normandie a-t-elle bien pesé toutes ces causes de ruine, si, elle aussi, n'avance pas dans la voie du progrès ? Non, et on ne comprend pas comment un peuple dont l'intelligence est proverbiale, et auquel la nature prête son concours le plus généreux, s'endort dans une si fausse confiance.

La résistance qui est opposée par les éleveurs normands à l'introduction du sang de Durham est moins extraordinaire, et peut avoir un côté logique. Bien que je ne partage pas leur opinion, que des faits récents viennent combattre victorieusement, cette résistance s'explique. Ils disent que l'industrie laitière est la plus profitable à leur agriculture, et qu'ils n'entendent pas que les facultés fort remarquables de leurs vaches risquent de subir aucune modification par le mélange d'une race inférieure à la leur à cet égard.

Les vaches du Cotentin et du Bessin donnent, en effet, un lait abondant : 18 et 20 litres sont des quantités ordinaires; quelques-unes vont jusqu'à 36 et 40 litres; et on assure qu'une vache laitière donne en moyenne, tous frais de nourriture payés et en outre de son veau nourri, un bénéfice net de 150 francs par an. Aussi les vaches normandes sont-elles recherchées pour les laiteries, et se vendent-elles à des prix élevés. Tous les ans, les départements de la Manche et du Calvados exportent plus de mille génisses pleines qui se revendent dans les environs de Paris, dans la Seine-Inférieure, etc., sous le nom d'*amouillantes*.

Les produits de la laiterie eux-mêmes sont le plus clair bénéfice des exploitations agricoles. Le beurre de Normandie, du Bessin surtout, a acquis une grande renommée; et on jugera de l'importance de son commerce par ce fait, que la petite ville d'Isigny, sans compter ses environs, qui expédient directement leurs produits à Paris, exporte annuellement 2,800,000 kilog. de beurre, qui représentent une valeur de *cinq millions* de francs.

Gournay, de son côté, fournit à Paris 1,500,000 kilogrammes de beurre.

Si la Normandie se fait modeste, se contente de garder sa supériorité pour les produits de la laiterie, et ne prétend pas conserver à ses animaux de boucherie le rang qu'ils ont occupé jusqu'ici ; si elle dit aux pays qui lui font à cet égard une rude concurrence : « Mon affaire est de produire du beurre, et je vous laisse la palme pour les bêtes de boucherie ; si elle affirme qu'elle ne peut lutter pour le bon marché de la production de la viande avec des pays où la rente de la terre est à un prix moins élevé, avec le Nivernais et le Charollais, par exemple, et que ces pays pourront fournir à 50 centimes ce qui lui en coûtera 60 ou 70, sa résistance peut s'expliquer ; mais la Normandie aurait tort de laisser la question se poser ainsi, et la nature l'a trop généreusement dotée pour qu'elle ne puisse pas prétendre à un rôle plus considérable.

Elle a une race de très-haut poids, qui ne manque pas de finesse, et dont la viande est excellente ; et elle a aussi des pâturages d'une végétation luxuriante, d'une verdure éternelle, et où l'homme n'a d'autres soins à prendre que de surveiller le bien-être des animaux qui les occupent. Comment, avec de pareilles richesses, consentirait-elle à se laisser distancer par des pays qui ne possèdent que des races d'un faible poids, de médiocres pâturages ? La science agricole, l'amour du progrès, seraient-ils donc des biens interdits à ceux que la nature favorise matériellement ? Non ; ils appartiennent à tous, et tous doivent en profiter.

Non-seulement la Normandie devrait apporter un soin qui lui est inconnu à la propagation et au perfectionnement de sa race, mais elle devrait encore ne pas repousser l'introduction d'une race étrangère, dont les qualités sont éminentes comme race de boucherie, et fort loin d'être à dédaigner comme race à lait : je veux parler de la race de Durham. Mon opinion à cet égard ne peut être suspecte; car c'est après avoir demandé une grande réserve dans l'emploi du sang de Durham, son exclusion même dans les pays où l'espèce bovine est consacrée avant tout au travail, que je le recommande dans des contrées qui élèvent en vue de la boucherie, et dont les animaux, loin de rendre aucun service, dépensent et augmentent leur prix de revient jusqu'au jour où ils sont en état d'être abattus, et qui, par conséquent, ont un grand avantage à rendre leur bétail plus précoce, et à lui donner les formes les plus propres à favoriser la transformation de la nourriture absorbée en graisse ou en viande.

Cette opinion est celle des hommes qui doivent, par leur habileté et leur dévouement, inspirer le plus de confiance à la Normandie : MM. de Kergorlay, Hervé de Saint-Germain, de Torcy, d'Eurville de Grangues, ont saisi toutes les occasions de faire passer leur conviction dans l'esprit de leurs concitoyens. Ce dernier écrivait en 1846, dans un mémoire lu à la Société d'agriculture de Pont-l'Évêque :

« Ne croyez pas que je me laisse entraîner par des préventions ; j'ai défendu le terrain pied à pied avant de me rendre à l'évidence ; et si je viens vous conseiller l'emploi du taureau de Durham pour la régénération de notre race bovine, ce n'est pas sans y avoir réfléchi mûrement, et sans avoir pesé les qualités et les défauts des deux races qu'il s'agit de croiser.

« Une charpente osseuse peu saillante, une peau moelleuse, une construction écrasée, prédisposent la race de Durham à un amendement facile et précoce. Cherchez les mêmes conditions chez la race augeronne, et vous reconnaîtrez que ce sont là ses parties défectueuses : elle ne peut donc que gagner à être mêlée avec le Durham pur.

« Il ne sera peut-être pas hors de saison de rappeler ici ce qui s'est passé aux concours nouvellement institués à Poissy. Les honneurs n'y ont point été pour nous. L'on a laissé à M. Cornet la pompe triomphale de l'*Apis moderne*, en compagnie du Temps et de l'Amour ; mais le triomphe réel a été pour M. de Torcy, éleveur du département de l'Orne. »

M. de Torcy, en effet, a donné à la Norman-

die cet enseignement par les faits, par le succès, le plus persuasif de tous. Aucun bœuf
normand de race pure n'a pu lui disputer les
prix qu'il remporte annuellement au concours
de Poissy; et depuis longtemps, en homme
ami de son pays, il ne cache pas les raisons
de ses triomphes, et les méthodes, les croisements qu'il emploie pour mener au rare degré
de perfection où elles arrivent ses bêtes de
boucherie. Dès 1844, et en rendant compte
du concours de Poissy, M. de Torcy écrivait :

« En sacrifiant la forme à la taille pour les
bœufs destinés à l'engraissement, la Normandie est entrée dans une mauvaise voie de
production. Il ne s'agit plus de parler aux
yeux de la foule par des masses ambulantes,
des sortes d'éléphants : on veut aujourd'hui
des animaux plus parfaits de conformation,
parce qu'une bonne conformation chez un animal destiné à la boucherie est un moyen de produire une plus grande quantité de viande, et par
conséquent de la produire à meilleur marché. »

M. Hervé de Saint-Germain, représentant
de la Manche et président de la Société d'a-
griculture d'Avranches, s'exprimait ainsi dans
la séance du 19 octobre 1850 :

« Il nous faut une race d'un entretien et
d'un engraissement faciles, quels que soient
d'ailleurs son poids et son volume; une race

donnant à la boucherie beaucoup de viande et peu de déchets ; une race précoce et mûre de bonne heure, c'est-à-dire pouvant recevoir l'engraissement dès l'âge de quatre ans au plus tard, puisqu'il est certain que le travail ne peut compenser les frais de nourriture dans les conditions où notre agriculture est placée.

« Notre race, telle qu'elle existe actuellement, réunit-elle à un degré suffisant ces conditions d'engraissement facile et précoce, de rendement avantageux ? Sans doute les avis peuvent être partagés à cet égard ; mais voilà ce que la majorité de la Société n'a pas cru, voilà ce qu'elle ne croit pas encore, en présence des faits qui se révèlent tous les jours, de cette dépréciation tenace dans nos produits, si déplorable parmi nous, et pourtant moins sensible dans d'autres contrées.

« Le remède véritable, les moyens les plus sûrs d'amélioration ne sont pas encore connus. Un meilleur système d'élevage, le choix persévérant des taureaux les plus tendres et les mieux appropriés dans notre race même, une nourriture plus abondante donnée dès le jeune âge, sont exclusivement recommandés par quelques agriculteurs. Évidemment ce sont d'excellentes pratiques, destinées à nous rapprocher du but de nos efforts ; ce sont des

corollaires obligés de tous les systèmes. Mais
la Société a pensé qu'elle pouvait et devait
y ajouter l'essai d'une méthode qui a réussi
sur plusieurs points, celui du croisement avec
une race créée précisément dans la vue des nécessités qui nous pressent, avec la race de
Durham, à laquelle appartiennent les taureaux achetés par elle. Les résultats déjà anciens qu'elle avait sous les yeux n'étaient pas
de nature à la décourager dans l'emploi de ce
moyen. Si ma voix avait quelque puissance,
j'inviterais, pour ma part, nos collègues et tous
les éleveurs de notre arrondissement à essayer ce croisement par eux-mêmes, sans
parti pris, sans prévention favorable ou contraire, et à nous rendre compte de leurs essais
avec cet esprit de critique impartiale auquel
ils nous ont habitués : l'expérience seule jus-
tifiera raisonnablement ou la préférence ou la
répugnance qu'ils pourraient éprouver aujour-
d'hui. Le moyen, en un mot, est livré à l'examen et aux recherches; le but seul est absolu.
Modifier notre race dans le sens des conditions et des exigences nouvelles, ou voir notre prospérité décroître et nos souffrances per-
sister, telle est l'alternative dans laquelle nous
sommes placés. Intelligents et animés de la
passion du bien public, tous nos agriculteurs
n'hésiteront pas à choisir la première. »

Enfin, dans son rapport au jury central de l'exposition de 1849, sur les animaux de l'espèce bovine, M. de Kergorlay s'exprime ainsi en parlant des croisements des taureaux de Durham avec des vaches de plusieurs races françaises :

« Ces croisements ont été diversement appréciés dans les premières années : ils ont eu à vaincre quelques préjugés ; mais aujourd'hui les observations les plus scrupuleuses des agriculteurs les plus éclairés, faites dans des pays très-différents les uns des autres, ont mis hors de doute que cette race avait une prédisposition remarquable à l'engraissement précoce ; qu'elle communiquait, dès le premier croisement, cette prédisposition, à un degré plus ou moins élevé, aux animaux de nos races indigènes, surtout à ceux qui appartiennent aux races normandes, charollaises et flamandes ; qu'à ce premier degré de croisement l'influence du sang de Durham, en améliorant ses formes d'une manière très-remarquable, n'altérait ni l'aptitude à la production laitière, *ni l'aptitude au travail* [1] ; qu'enfin elle produisait de la viande à un prix notablement inférieur à celui auquel reviennent nos animaux indigènes quand ils sont en état d'être

____

[1] A mon sens, cette assertion, quant au travail, est tout à fait erronée.

livrés à la boucherie, parce que, sauf la période des dix-huit premiers mois de leur existence, où ils réclament des aliments plus substantiels que nous n'avons l'habitude d'en donner à nos jeunes animaux, ils consomment beaucoup moins d'aliments que les animaux des races indigènes, et arrivent beaucoup plus promptement, plus facilement à l'état d'engraissement. Les animaux présentés à l'exposition par MM. de Béhague, d'Herlincourt, Auclerc, etc., ont pleinement confirmé ces résultats, qu'on peut regarder désormais comme incontestables. »

M. de Kergorlay est un habile éleveur du Cotentin; il a fait partie de tous les jurys du concours de Poissy, et personne n'est plus en état que lui d'apprécier l'influence du sang de Durham sur la race normande.

A l'appui de son affirmation, que le mélange du sang de Durham n'altérait pas la production laitière, je puis citer un exemple qui m'a été rapporté par M. Hervé de Saint-Germain. Il acheta en 1837 un taureau de la vacherie du Pin, né chez M. Whitaker, qui attache de l'importance aux facultés laitières de sa race de Durham : ce taureau, nommé *Duke*, fit la monte pendant plusieurs années à la ferme du Perron, près Avranches, et il a produit un grand nombre de laitières excellentes, et très-souvent supérieures à celles du pays. Parmi les vaches issues de ce croisement, j'en citerai une, à M. Gabriel Gilles, donnant 22 litres de lait; une autre, à M. Ledru, donnant de 18 à 20 litres.

D'autres taureaux de Durham ont fait aussi la monte dans le département de la Manche; et parmi les bonnes laitières qui en proviennent, on peut citer une vache à M. de Blangy, donnant 24 litres de lait à trois ans, après son premier veau; une autre à M. Paris, de Saint-Lô, donnant aussi, après son premier veau, 20 litres; une à M. Méviel, 22 litres à deux ans et demi, après son premier veau; une à mademoiselle Lécuyer, 24 litres, après son premier veau; une à M. de Bellefonds, à Montreuil, 24 litres, après son premier veau. Dans la Seine-Inférieure une vache de croisement appartenant à M. Dargeur, près Fécamp, donnait 28 litres, après son second veau.

Enfin, M. de Fontenay, grand éleveur de l'Orne, disait, il y a peu d'années, qu'*Alba*, primée au concours de l'Association normande, et née d'une cotentine et du taureau durham *Hartforth*, était la plus belle et la *meilleure* vache qui fût jamais entrée dans ses étables.

Quant à l'aptitude au travail des croisements durham-normands, cela a peu d'importance, car ce n'est pas un travail sérieux que l'on fait faire aux bœufs en Normandie ; les chevaux y sont presque exclusivement employés à la culture, et c'est plutôt pour montrer une belle paire de bœufs que pour en obtenir des services, qu'on les envoie quelquefois traîner, de concert avec des chevaux, une charrue que servirait aisément la moitié de l'équipage.

§ 2. — *Race flamande.*

La race hollandaise est la souche primitive de la race flamande ; et certes, cependant, la vache flamande ne rappelle en rien les belles et puissantes formes de la vache hollandaise. Elle est mince, haute sur jambes, grêle et anguleuse ; elle a la côte plate et les hanches tombantes : mais, à côté de ces défauts de conformation, se révèlent les indices d'éminentes qualités pour la laiterie et la boucherie : la peau douce, le poil fin et lustré, les os minces, la tête petite et expressive, les cornes courtes et délicates.

La couleur des animaux de cette race est d'un rouge vif, avec quelques taches blanches à la tête ou aux extrémités; très-souvent ils sont sans aucune marque de blanc, quelquefois des sortes d'étoiles d'une nuance plus foncée que le fond parsèment tout le corps de l'animal, et on assure que c'est là un signe de race et de bonne origine.

Il existait, dit-on, à la fin du siècle dernier, une race de vaches superbe en Flandre; mais elle fut détruite par les guerres de la révolution et de l'empire, et il n'en reste malheureusement maintenant que fort peu de traces. On semble même fort indifférent pour perfectionner les formes mauvaises de la race flamande actuelle, et on ne s'applique qu'à lui conserver ses qualités laitières.

Les soins de l'agriculture, en Flandre, se tournent d'un autre côté; la terre y est si chère, si recherchée, la culture si avancée, que l'on manque en général et d'espace et de pâturages, et qu'on ne fait que fort peu d'élèves. Les taureaux ne sont conservés que jusqu'à l'âge de dix-sept à dix-huit mois, et revendus alors pour être exportés dans les pays qui entretiennent des vacheries, dans les environs de Paris, la Brie principalement. On trouve là quelques bons taureaux flamands, qui, employés avec suite et intelligence dans leur pays natal, y eussent certainement fait beaucoup de bien ; tandis que, ne produisant que des veaux de boucherie dans les fermes des environs de Paris, ils ne perpétuent pas leurs qualités, et vivent sans profit pour aucune race.

Les cultivateurs des environs de Lille, Avesnes, Hazebrouck et Bergues, ont des pratiques différentes pour l'élevage et l'entretien de leurs bestiaux; et ces usages dérivent des conditions économiques fort diverses où se trouvent ces contrées.

A Lille, les troupeaux ne quittent pas l'étable. La terre se paye au poids de l'or ; des engrais abondants augmentent encore sa fertilité naturelle, et un grand nombre de fabriques de sucre de betteraves fournissent des résidus en très-suffisante quantité pour alimenter les bestiaux et les garder à l'étable.

A Avesnes, on les abandonne le jour dans les bois ou les prairies, et on les rentre le soir.

Dans l'arrondissement de Dunkerque, et

particulièrement à Bergues, on laisse les vaches six mois consécutifs dans les parcours, la nuit comme le jour.

Dans les arrondissements de Cambrai et de Douai, les usages sont mixtes : on conduit les troupeaux sur les champs après les récoltes, et on les nourrit partie au dehors et partie à l'étable.

Du reste, le paysan flamand est d'une douceur et d'un soin parfaits pour les animaux qu'il soigne : il ne manquera jamais, pour prévenir les maux que leur causerait une vie trop sédentaire, de les faire sortir et promener dans des vergers, où le grand air, l'ombre des gros arbres, la distraction et l'exercice viennent ajouter leurs bienfaits à celui d'une bonne nourriture. Ce sont là, on le voit, les conditions les mieux faites pour maintenir des bestiaux en parfaite santé.

Le paysan flamand a une autre qualité fort louable et fort rare : c'est une extrême propreté. M. Cordier en parle dans ces termes : « Dans aucun pays, peut-être, les habitants de la campagne ne connaissent aussi bien l'emploi du temps, et ne méritent mieux d'obtenir cet état d'aisance et de satisfaction que l'on remarque généralement dans les environs de Lille. En entrant dans une petite ferme flamande, on est frappé de l'esprit d'ordre et de l'air de propreté qui se montrent partout. La vaisselle est nombreuse; beaucoup de vases sont en cuivre, toujours nettoyés et brillants; chaque jour la servante vigilante frotte avec du grès la pelle, les pincettes, la crémaillère, et autres ustensiles de ménage qui souvent manquent ailleurs, ou sont toujours couverts de rouille. Le samedi, la maison tout entière du plus pauvre cultivateur est lavée et frottée. »

Le laitage et le beurre sont, en Flandre, une partie essentielle de la nourriture du pauvre aussi bien que de celle du riche, et le beurre est un mets servi à tous les repas. Les ouvriers ont l'habitude de manger dans les champs, deux fois par jour, des tranches de pain frottées de beurre; et le café au lait, sans sucre, est leur déjeuner le plus habituel.

Le nombre des vaches est d'environ de deux par trois hectares; elles sont soignées par les femmes de la maison, et donnent une grande abondance de lait. La moyenne du produit d'une vache en pleine lactation varie de vingt à trente litres par jour.

Une partie du lait frais est envoyée au marché; le reste sert à faire du beurre, du fromage à la crème, qu'on vend de même chaque semaine. Le lait de beurre suffit et au delà à la consommation du ménage de la ferme; le reste est donné aux génisses que l'on élève, ou aux cochons qu'on engraisse. Le produit journalier d'une vache laitière est d'environ 2 fr.; et le produit moyen de tout le troupeau, y compris les génisses, de 1 fr. 50 c., sans compter la valeur des veaux et celle des engrais.

Les pays de Bergues et d'Avesnes sont les seuls qui fabriquent des fromages; on en fait de maigres et de gras, en même temps que du beurre excellent, qui s'exporte en fort grande quantité.

Les environs de Bergues sont éminemment propres à l'engraissement des bestiaux, et M. Cordier en parle ainsi : « Le voisinage de la mer, et le grand nombre de canaux et fossés toujours pleins d'eau, rendent la température douce, l'atmosphère humide, et la végétation de ces prairies presque perpétuelle. On laisse souvent les troupeaux dans les parcs depuis la fin de février jusqu'à la fin de décembre. Mais dans les derniers mois, et pendant les pluies froides, les vaches ne restent dans les pâturages que le jour; et, dans les mois de janvier et de février, on a l'usage de les sortir toutes les fois que la terre n'est pas fortement gelée.

« Autour de Bergues, les pâtures grasses sont plus estimées que les meilleures terres à labour. Les qualités du sol, l'usage, et une expérience éclairée, justifient cette préférence ; aussi les agriculteurs aisés et instruits apportent tous leurs soins à augmenter la proportion de leurs pâturages, et à les améliorer par des saignées et des engrais. »

Les vaches laitières vivent dans les pâturages avec les bêtes à l'engrais, et on va les traire deux fois par jour. Seulement on ne les laisse pas l'hiver exposées à la très-grande humidité de ces plaines, plus basses que le niveau de la haute mer, et elles sont rentrées à l'étable pendant les six mois d'hiver.

Un recensement de 1813 portait le nombre des bestiaux à une tête par 1,5 hectare pour l'arrondissement de Lille, et seulement une tête par 4 hectares dans l'arrondissement de Dunkerque, dont Bergues fait partie. Ce résultat est sans doute dépassé à l'heure qu'il est, et il ne laisse pas encore que d'être fort remarquable, si l'on observe qu'il ne s'agit ici que d'animaux de rente, et que la culture est tout entière faite par des chevaux.

§ 3. — *Races comtoises.*

La Franche-Comté renfermait deux races très-distinctes, la *race femeline* et la *tourache.*

La race femeline est la race de la plaine ;

elle occupe les bords du Doubs, de la Saône
et de l'Ognon, et s'étend jusque dans les plaines de la Bresse, dont la race se confond avec
la race femeline.

La race tourache, celle de la montagne, qui
habitait la chaîne du Jura, qui sépare la Franche-Comté des cantons suisses de Neufchâtel
et de Vaud, n'existe pour ainsi dire plus, et
s'est confondue avec la race suisse, très-supérieure à elle; je n'en parlerai, bien qu'il en
existe encore des types, que pour montrer que
la substitution de la race suisse à la race tourache a été un véritable progrès. — Les montagnes du Jura français sont couvertes de pâturages excellents, où paissent des milliers
de vaches dont le lait est converti en fromage,
et qui ont créé une industrie rivale de celle
de la Suisse, parvenue à une importance qui
fait la richesse de ce pays.

J'ai lieu de croire que M. Grognier et M. Ordinaire ont puisé les renseignements qu'ils ont
donnés sur les races comtoises, dans l'excellent
ouvrage de M. Guyétant sur l'agriculture du
Jura. — C'est à M. Guyétant que je crois devoir aussi emprunter les détails si instructifs
que renferme son livre sur les races *femeline*
et *tourache*.

Les plaines de la Franche-Comté nourrissent cette race de bœufs dont le poil, assez

généralement de couleur châtain clair, est désigné sous le nom de poil *froment*. Ces animaux sont quelquefois aussi d'un poil blanc
ou alezan clair, et se distinguent de la race
de la montagne par les caractères suivants :
ils ont la tête étroite et mince, les yeux
plus rapprochés des cornes, qui sont moins
épaisses et moins longues; le regard doux
et tranquille, le cou beaucoup plus grêle, le
fanon moins pendant, la poitrine plus étroite,
le train de derrière plus large, les cuisses plus
saillantes, et le corps plus allongé. Ils ont les
os moins gros et plus longs; ils sont d'une taille
plus élevée, ont la peau plus mince sur le cou,
plus épaisse sur les cuisses, plus mobile dans
toute son étendue, et le tissu cellulaire plus
lâche.

Cette race est docile; elle a les mouvements
agiles; elle est facile à engraisser, et fournit
une viande de bonne qualité et recherchée de
la boucherie.

Lorsque le laboureur s'est servi de ses bœufs
pendant sept à huit ans, il est assez ordinaire
qu'il entreprenne de les engraisser pour les
vendre. Il les tient alors enfermés à l'étable
pendant trois ou quatre mois, et leur régime
se compose de regain, de pommes de terre et
de raves cuites, et mêlées avec de la farine de
seigle, de fèves, de maïs et même de froment,

délayés dans une certaine quantité d'eau. — On leur donne aussi du marc de navette, résidu de la fabrication de l'huile exprimée de cette graine. Quand ces bœufs sont gras, on les vend soit à des bouchers du pays, soit à des marchands qui les conduisent sur les marchés de la Côte-d'Or, du Rhône ou du haut Rhin.

Les vaches de la plaine offrent des qualités analogues à celles des bœufs. Le lait qu'elles fournissent est consommé dans les ménages, et n'est point réuni en commun pour la fabrication du fromage. — On nourrit, du reste, une bonne partie des veaux, principalement dans le département de Saône-et-Loire.

Mais c'est surtout dans les hautes vallées du Jura, sur les montagnes qui les séparent du bassin de la Bienne, et dans le Grandvaux, que la race bovine prend une grande importance. — La fabrication des fromages, et le régime des *fruitières*, sont là un sujet d'observation fort intéressant.

Comme les produits de cette fabrication constituent une des principales ressources de ces cantons élevés, les vaches sont presque les seuls animaux qu'on y nourrit ; et la richesse d'un propriétaire est estimée en raison des pâturages qu'il possède et du nombre de têtes dont se compose son troupeau.

L'espèce *tourache* proprement dite a le poil rouge foncé, épais et frisé sur la tête, hérissé le long de l'épine dorsale. Sa tête est forte, le chanfrein court et large, l'œil vif, les naseaux ouverts, les cornes grosses, courtes et écartées, le cou épais et court, le garrot élevé, le fanon prolongé jusqu'aux genoux, la poitrine large, les épaules écartées, le train de derrière un peu étroit, la peau épaisse et se chargeant de peu de graisse. Elle a le jarret bien coudé, le pied petit, et la corne très-dure.

Mais tous les ans, et depuis longtemps, l'industrie fromagère louait à la Suisse environ quatre à cinq mille vaches qui paissaient pendant les quatre mois d'été les pâturages du Jura français; et on comprend que le rapprochement de ce bétail supérieur au bétail indigène ait introduit, en même temps que de notables améliorations, des modifications de pelages plus ou moins recherchés, suivant qu'ils rappellent ou non les types des meilleurs animaux; ainsi, le poil noir et le noir taché de blanc sont les plus estimés, parce qu'ils sont évidemment l'indice d'une parenté rapprochée avec la race pie du canton de Berne et de Fribourg, qui, comme je l'ai dit, a fini par remplacer la race tourache pure.

Les plus belles vaches se voient aux Rousses, à Septmoncel, aux Moussières, aux Bouchoux, et dans les cantons des Planches et de Nozeroy. — Sur les pentes du bassin de la Bienne, dans les Grandvaux, la Combe d'Ain, elles sont d'un tiers moins grosses, et ne donnent pas autant de lait. — Il est d'observation constante dans le Jura, que plus les pâturages sont élevés, plus les vaches qu'on y entretient donnent de lait. Cette observation correspond à celle qui a été faite sur la multiplication des genres et des espèces de plantes en proportion de l'élévation du sol. Cette grande variété de végétaux, et les qualités sapides et nutritives dont ils sont doués dans les hautes régions, expliquent déjà l'excitation des forces digestives et la sécrétion plus abondante de lait, qui sont encore favorisées, sans doute, par l'air vif, frais et très-oxygéné que les troupeaux respirent, l'absence de toute chaleur accablante et de tout insecte importun. La prédominance dans le lait des principes butireux et caséeux à mesure que la saison s'avance, prédominance qui, en automne, fait obtenir un tiers de beurre et de fromage de plus qu'au printemps, et qui coïncide avec la maturité des plantes et le refroidissement de l'atmosphère, me paraît encore confirmer cette explication.

M. Guyétant dit que les vaches sont bien pansées et tenues fort proprement dans la haute montagne; que les étables y sont vastes, bien aérées; mais que le défaut de fourrage ne permettant pas de fournir aux animaux de la paille pour litière, ils reposent alors sur un plancher qui recouvre le sol, et qui, pourvu d'une inclinaison suffisante, est nettoyé tous les jours.—Mais que, dans la basse montagne, les vaches, moins généralement privées de litière, habitent des écuries obscures et basses, dans lesquelles elles couchent sur la terre ou un pavé que recouvre presque toujours une couche épaisse de fumier.

Il est bon de rapprocher de cette appréciation celle de M. Jullien, qui s'exprime ainsi : « Sur le versant helvétique, la vache aux mamelles fécondes, à la corne lisse, au pelage brillant, indices d'une santé vigoureuse, déploie cette allure dégagée, ces formes sveltes, cet air de santé qui en fait la meilleure et la plus belle vache du monde.

« Sur le versant français, au contraire, le pelage d'un fauve sale et toujours couvert de fiente, la corne terne, l'œil vitreux, les formes disgracieuses, étiolées, tout révèle chez la vache indigène le rachitisme et l'abandon de la misère.

« A quoi tient cet état d'infériorité de la race indigène? A quoi tient surtout la stérilité relative qui force l'agriculture française à emprunter chaque année à la Suisse, moyennant une redevance de 50 fr. par tête, les quatre à cinq mille vaches qui paissent pendant les quatre mois d'été les pâturages du Jura français? Cela tient un peu sans doute à la distribution des étables, au pansage journalier, aux soins hygiéniques, si négligés par nos agriculteurs, et arrivés au contraire en Suisse à l'état de science. Mais cela tient surtout à ce qu'une distribution régulière de 150 grammes de sel relève chaque jour la nourriture de la vache suisse, tandis que la vache indigène en est à peu près entièrement privée. »

C'est à la fin de mai ou au commencement de juin, suivant les localités et l'état de l'atmosphère, que, dans la haute montagne, on conduit les vaches dans les pâturages élevés; et c'est à cette époque que ceux qui tiennent à ferme des *chalets* y établissent leurs troupeaux.

Le troupeau d'un chalet a jusqu'à 150 ou 200 vaches, et il y a un *berger* par 20 vaches, et un *fruitier* par 80. La fabrication des fromages prend chaque année une nouvelle extension; il y en a de deux espèces : l'un, imité du fromage de *gruyère*, est nommé dans le pays *vachelin*; l'autre, ressemblant au fromage de *roquefort*, porte le nom de *septmoncel*.

Déjà en 1822, époque à laquelle écrivait

M. Guyétant, sur huit cent milliers de fromage qui se fabriquaient annuellement dans le Jura, on comptait au moins sept cent milliers de *vachelin* ou *gruyère*. Cette proportion a plutôt augmenté que diminué.

Le *gruyère* est le seul fromage dont la fabrication donne lieu aux associations connues sous le nom de *fruitières*.

Il existe deux espèces de *fruitières*, celles d'association et celles de propriété ou de fermage.

C'est de la Suisse que vient la pensée des *fruitières* par association; et, selon M. Moll, elle s'y présente sous des formes fort diverses, suivant les conditions de la propriété des pâturages alpestres.

Dans le Jura français, l'organisation des *fruitières*, calquée sur celle des *fruitières* du pays de Vaud, consiste dans la réunion d'un nombre de vaches qui varie de 50 à 200, dans la location d'un *chalet* convenable, et l'exploitation, par une personne reconnue capable, de l'entreprise commune; — ou bien encore dans la fabrication en commun du fromage avec le lait apporté par les associés, chacun recueillant un produit toujours proportionnel à la quantité de lait qu'il a fournie, et dont il est tenu compte chaque jour.

Les *chalets* de fermage louent habituellement, pendant l'estivage, les vaches qu'il leur

serait impossible de nourrir pendant la saison
d'hiver. Cette location varie de 25 à 50 fr., suivant la qualité des vaches. Une vache moyenne
fournit annuellement de 85 à 90 kilog. de fromage de première qualité, 12 kilog. de fromage de seconde qualité, 8 kilog. de beurre,
et en outre, dit-on, un demi-litre de lait par
jour pour les besoins du ménage. — Le fromage
de *gruyère* ou *vachelin* de première qualité se
vend, à des marchands en gros, de 70 à 100 fr.
les 50 kilog.; — celui de *septmoncel*, 10 ou
15 fr. de plus.

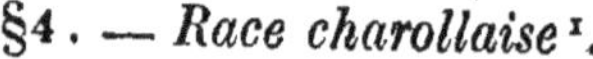

§4. — *Race charollaise* [1].

La race charollaise est une des plus an-

(1) Cette figure représente un bœuf charollais couronné
à Poissy, né et élevé par M. Massé.

ciennes, des plus belles, des plus connues de
France. Son pelage blanc, ou café au lait clair,
rend ses individus fort remarquables au premier coup d'œil, et un examen plus attentif
révèle d'éminentes qualités.

Elle prend son nom de Charolles, dans
Saône-et-Loire; elle fut transportée en Nivernais vers 1789, par M. Mathieu, et ce sont maintenant les départements de la Nièvre et du
Cher qui sont les principaux centres de production de cette race, qui a le rare bonheur
d'être entretenue et perfectionnée par des agriculteurs d'une grande intelligence, qui appré-
cient très-haut ses qualités et corrigent chaque
jour les imperfections de formes que l'on pouvait lui reprocher.

J'ai vu, à l'Institut agronomique de Versailles, deux taureaux et des vaches on ne peut
plus remarquables par la régularité, la puissance de leur conformation, la finesse de leur
peau, leur tendance visible à l'engraissement.
Ces animaux venaient de chez un des plus habiles éleveurs du Cher, M. Massé, qui habite
le canton de la Guerche, et qui attache la
plus grande importance à conserver sa race
pure de tout mélange de sang étranger.

La race charollaise est grande, forte, rustique et énergique; éminemment propre au
travail, par conséquent. Le Nivernais est fort

accidenté, les transports et le labourage dans ses terrains argileux calcaires y sont fort pénibles pour les bœufs, et il ne faut rien moins que leur vigoureux tempérament, la bonté de leurs pieds, leur sobriété, pour tenir au service qu'on en réclame. M. O. Delafond, dans son excellent ouvrage sur cette race, dit qu'on voit un grand nombre de ces bœufs, attelés par paires à une voiture à deux roues, amener tous les jours, de six à huit lieues, aux hauts fourneaux dépendants de l'immense usine de Fourchambault, de 1,500 à 2,500 kilogrammes de minerai ferrugineux ou de charbon de bois, et ne recevoir, pour ce travail pénible, qu'une botte de 4 à 5 kilogrammes de foin par jour. La nuit, ils sont mis dans des herbages où ils ne trouvent souvent que fort peu à manger.

Quand, après quelques années de ce rude métier, ils sont disposés pour la boucherie, leur viande est recherchée, particulièrement par les bouchers de Paris et de Lyon. Si la qualité de la viande n'atteint pas la supériorité de celle des bœufs de Chollet et de Normandie, leur rendement proportionnel en poids net est au moins égal, et des bœufs de M. Massé, primés aux concours de Poissy, en 1845, 1847 et 1850, ont présenté des résultats excellents.

La précocité de cette race est remarquable, et ses bœufs sont généralement disposés à la boucherie dès l'âge de quatre à six ans. Ils sont engraissés dans des pâturages où ils restent nuit et jour; car l'engraissement à l'étable, aux racines et aux farineux, est peu répandu en Nivernais. La sobriété de cette race et sa prédisposition à prendre la graisse sont si grandes, que, malgré le peu de soins dont les animaux sont l'objet, la parcimonie que l'on met à les nourrir jusqu'à l'âge où ils peuvent travailler, il suffit d'une privation de travail et d'un séjour de quatre ou cinq mois dans des prairies quelquefois médiocres pour les amener à un fort bon état d'engraissement. Les bœufs charollais atteignent le poids de 1,200 à 1,400 kilogrammes, poids vivant.

Mais il n'est pas de race qui réunisse toutes les qualités : celle-ci n'est pas laitière; c'est tout au plus si une belle vache charollaise nourrit suffisamment son veau.

Le Nivernais n'avait guère autrefois que le nombre de bêtes à cornes nécessaire à la culture de ses terres; il n'en est plus ainsi maintenant. Le voisinage de Paris, l'excellente réputation de la race charollaise pour la boucherie, et surtout les besoins de la consommation favorisés par la facilité de cette race à prendre la graisse de bonne heure, ont multiplié peu à peu le nombre des éleveurs qui ont pour but principal la production de la viande. On élève maintenant un grand nombre de bœufs qui travaillent peu et peu longtemps, et qui sont tués à l'âge de quatre à cinq ans; et le seul département de la Nièvre, qui, en 1790, n'envoyait à la boucherie de Paris que 1,500 bêtes à cornes, en fournit aujourd'hui plus de 20,000.

Dès lors, quelques agriculteurs ont voulu développer et augmenter la propension et la précocité de l'engraissement dans la race charollaise, par le croisement de la race de Durham. Ces essais remontent à une époque assez reculée, à 1825. Ils ont été différemment jugés, suivant le point de vue où on s'est placé. Les uns attribuèrent à ces croisements des résultats merveilleux et sans inconvénients : l'engraissement des bœufs était plus précoce et à meilleur marché; le rendement en viande de première et de seconde qualité supérieur; les vaches étaient meilleures laitières; la conformation de tous les animaux devenait plus parfaite, et leurs facultés pour le travail n'étaient en rien diminuées.

Les autres, au contraire, virent la race charollaise perdue par l'importation dans le Nivernais de la race de Durham : elle diminuait la propension des bœufs au travail, rendait

leur engraissement impossible dans les herbages du Nivernais, altérait la qualité de leur
viande, rendait les femelles infécondes et leur
donnait un mauvais lait.

La vérité, c'est que le croisement de la race
durham avec la race charollaise a eu d'admirables résultats pour les animaux destinés spécialement à la boucherie; que leur engraissement à l'étable est devenu plus précoce, plus
économique; leur rendement en viande nette
plus considérable; mais, d'un autre côté, il est
certain aussi que les bœufs durham-charollais
engraissent moins facilement dans les herbages que les charollais purs, qu'il leur faut
des soins et une nourriture que n'exige pas la
race indigène, et que l'aptitude au travail,
enfin, est diminuée par le métissage dans des
proportions considérables.

Pour les vaches, elles deviennent meilleures
laitières, plus régulières dans leurs formes,
mais en même temps moins fécondes et d'une
santé moins robuste.

On a remarqué que les métis de premier et
de second croisement sont infiniment supérieurs à ceux de troisième et de quatrième
croisement. Ceux-là portent, en général, des
signes de dégénérescence qui les rendent in-
férieurs à leurs ascendants des deux races.

M. Brière d'Azy fut le premier qui, en

1825, importa en Nivernais des taureaux et
des vaches de la race pure de Durham. Il le fit
dans les conditions les plus favorables au succès, puisqu'un fermier anglais accompagna
les animaux qu'il fit venir et, à défaut du
climat natal, put au moins leur continuer la
nourriture et les soins hygiéniques auxquels
ils étaient habitués.

L'arrivée de ces animaux à la ferme de
Valotte, près Saint-Benin-d'Azy, causa, ainsi
que le raconte M. O. Delafond, une grande
sensation dans le pays. « La belle conformation de la race *courtes-cornes*, sa grande disposition à l'engraissement dans un âge peu
avancé, frappèrent de surprise et d'admiration
les agriculteurs des Amognes et du Bazois...
Un grand nombre d'entre eux livrèrent leurs
plus belles vaches charollaises aux taureaux
de cette race admirable, et ils en obtinrent
des métis d'une très-bonne conformation, travaillant bien, engraissant vite, comme aussi
des vaches donnant plus de lait que les charollaises. »

MM. Tachard, Hervieu, Ladrey, furent les
premiers à profiter de l'introduction en Nivernais de la race de Durham : ils en vinrent peu
à peu à posséder des animaux de race pure,
et le concours de Poissy, l'exposition de Versailles, ont été, dans ces dernières années,

l'occasion d'apprécier l'incontestable mérite de leurs produits.

Je dois ici relever une erreur assez grave de M. O. Delafond, d'autant qu'elle est généralement admise dans le Nivernais. M. O. Delafond raconte que l'introduction, en 1827, par MM. Browster, fermiers anglais de M. Brière d'Azy, d'un nouveau troupeau de vaches et de taureaux de la race de Durham, très-inférieurs aux premiers, qui avaient été choisis par M. Winal, fut pour le pays une véritable calamité, et qu'il n'en résulta que des métis *hauts sur jambes, mauvais travailleurs, et s'entretenant moins bien que les charollais purs dans les herbages.*

C'est de M. Ladrey que ces renseignements viennent à M. O. Delafond : les miens, puisés aux sources les plus certaines, me permettent d'affirmer que les animaux amenés, en 1827, par les fermiers anglais Browster, n'appartenaient pas à la race de Durham, mais à celle de Hereford.

Il est incroyable qu'une pareille erreur ait pu avoir lieu, et que ces deux races, dont les caractères sont si distincts, aient été confondues l'une avec l'autre.

Depuis l'époque dont il est ici question, plusieurs agriculteurs se sont adonnés au croisement des vaches charollaises avec les taureaux de Durham, et même à l'élevage du Durham pur. L'établissement de la vacherie modèle de Poussery, en 1844, vint donner un nouvel élan ; mais la généralité des cultivateurs a résisté à cet élan, et le sang de Durham n'est pas, il faut le dire, populaire en Nivernais. Il n'est pas accepté sur les marchés au même rang que le charollais pur, et le bas prix des adjudications faites dans plusieurs occasions est le thermomètre de l'opinion publique à cet égard. Cela tient à une seule cause : c'est que les métis sont, en réalité, moins rustiques et engraissent moins bien dans les herbages, où les habitudes locales les abandonnent sans défense contre l'intempérie des saisons et la piqûre des insectes. Il n'en serait pas ainsi certainement, si l'engraissement avait lieu à l'étable, car la précocité du durham-charollais est bien plus grande que celle des charollais purs.

Quoi qu'il en soit, quelques éleveurs luttent avec succès. Nous avons vu à l'exposition de 1849 de beaux taureaux élevés par M. Auclerc dans une des parties les plus maigres et les plus ingrates du département du Cher. M. Tachard, qui entretient un grand nombre d'animaux de race pure, a présenté au concours de Versailles, en 1850 et 1851, des taureaux on ne peut plus remarquables, nés et élevés chez lui ;

et les bœufs de M. de Béhague ont fait l'admiration de tous les connaisseurs à l'exposition de 1849, et au concours de Poissy en 1850 et 1851, par leur précocité, l'harmonie parfaite de leur conformation et la finesse de leur viande.

Il n'est pas sans intérêt de donner ici un exemple de la tendance prodigieuse à l'engraissement que communique le sang de Durham. Grâce aux études attentives que fait M. de Béhague sur ses domaines de Dampierre, il a pu se rendre compte pour ainsi dire jour par jour du progrès de quatre bœufs de race durham-

charollaise [1], exposés par lui à Paris en juin 1849. Voici le tableau qu'il en a présenté :

(1) *Youn Stanley*, bœuf couronné au concours de Poissy, né et élevé chez M. de Béhague.

BOEUF N° 1. — *Agé de 31 mois.*

Né le 14 novembre 1846. — Pesait au départ, le 25 juin 1849,
672 kil.

Poids à sa naissance......   30 kil.
— à 1 an............... 368
— à 15 mois........... 430
— à 18 » 498
— à 21 » 565
— à 24 » 615
— à 27 » 615 (1)
— à 30 » 655

Résultat : L'accroissement de ce jeune animal a été,
en moyenne, de 20 kil. 833 gr. par mois.

BOEUF N° 2. — *Agé de 36 mois.*

Né le 25 juin 1846. — Pesait au départ, 25 juin 1849,
904 kil.

Poids à sa naissance......   32 kil.
— à 1 an............... 382
— à 15 mois........... 460
— à 18 » 560
— à 21 » 633
— à 24 » 700
— à 27 » 750
— à 30 » 788
— à 33 » 835
— à 36 » 904

Résultat : L'accroissement de ce bœuf a été, en
moyenne, de 24 kil. 222 gr. par mois.

(1) Mise des dents.

BŒUF N° 3. — *Agé de 37 mois.*

Né le 31 mai 1846. — Pesait au départ, le 23 juin 1849.
860 kil.

Poids à sa naissance...... 31 kil.
 — à 1 an............... 350
 — à 15 mois............ 440
 — à 18 » 525
 — à 21 » 600
 — à 24 » 600 (1)
 — à 27 » 690
 — à 30 » 740
 — à 33 » 775
 — à 36 » 860

Résultat : L'accroissement de ce bœuf a été, en
moyenne, de 23 kil. 55 gr. par mois.

BŒUF N° 4. — *Agé de 40 mois.*

Né le 28 février 1846. — Pesait au départ, le 23 juin 1849,
945 kil.

Poids à sa naissance...... 29 kil.
 — à 1 an............... 330
 — à 15 mois........... 397
 — à 18 » 505
 — à 21 » 590
 — à 24 « 657
 — à 27 » 725
 — à 30 » 750
 — à 33 » 840
 — à 36 » 940
 — à 39 « 968

Résultat : L'accroissement de ce bœuf a été, en
moyenne, 26 kil. 640 gr. par mois.

(1) Mise des dents.

Le domaine de Dampierre ne possédant pas de pâturages, les animaux sont élevés au padock et nourris : l'été, de luzernes, trèfles, vesces et maïs en vert ; l'hiver, de foin, betteraves, choux, rutabagas. Ils sont, en général, livrés à la boucherie à l'âge de 30 mois ; le n° 1 est à l'état de graisse de commerce, les n°ˢ 2, 3 et 4 sont poussés à l'extrême et démontrent la précocité et l'aptitude de ces produits à prendre la graisse dans le jeune âge.

L'un de ces bœufs, le n° 3, présenté et primé au concours de Poissy en 1850, sous le nom d'*Alibert*, âgé alors de 45 mois et demi, était d'une grande perfection de formes. Voici ses mesures exactes :

	mètres.	cent.
Taille..................	1	42
Circonférence circulaire.....	2	51
Circonférence oblique........	2	65
Largeur des hanches.........	0	70

Il fut tué le 29 mars, et il donna à l'abattoir les résultats suivants :

	kil.
Poids vif...........................	970
Poids de quatre quartiers, cuir et suif..	826
Proportion des quatre quartiers, cuir et suif au poids vif................	88,154 p. 0/0
Poids de quatre quartiers seuls.........	665
Proportion des quatre quartiers seuls au poids vif.......................	68,608 p. 0/0
Poids du suif.....................	105,05

Proportion du poids du suif au poids des
  quatre quartiers................... 15,852 p. 0/0
Poids du cuir...................... 55
Proportion du poids du cuir au poids des
  quatre quartiers.................. 8,264 p. 0/0

La chair de ce bœuf était marbrée, très-pénétrée de graisse et de qualité supérieure.

Ce résultat, rapproché des renseignements qui nous ont été transmis sur les animaux de race pure de Durham, engraissés par l'illustre créateur de cette race, Charles Colling, et par ses habiles successeurs, constate le degré d'excellence de cet élevage. Il n'est guère possible de rien faire de plus parfait comme bête de boucherie. C'est là, du reste, le seul but de M. de Béhague, qui jamais ne laisse travailler ses bœufs de concours et les prépare à l'engraissement, pour ainsi dire, dès le ventre de leur mère.

§ 5. — *Race du Morvan.*

Le Morvan, dont la capitale était autrefois Château-Chinon, chef-lieu actuel de l'arrondissement de ce nom, est un pays montagneux, couvert de bois, aux pentes abruptes et aux vallées étroites et profondes ; sa température participe de celle des montagnes de l'Auvergne, et les variations de l'atmosphère y sont brusques et fréquentes. Ce sont ces conditions

sans doute qui ont donné à ses races d'animaux une rusticité, une énergie, une aptitude
peu communes à supporter la fatigue des plus
rudes travaux.

Les petits chevaux du Morvan, si sobres et
si vigoureux, ont eu une grande et légitime
réputation pour leur fonds inépuisable : j'en
ai vu moi-même faire à la chasse des choses
extraordinaires, montés par les piqueurs de
M. de Mac-Mahon, de si regrettable mémoire.
Ils les préféraient toujours aux chevaux anglais que leur généreux maître mettait à leur
disposition. Malheureusement cette race de
chevaux n'avait ni assez de taille ni assez de
poids pour rendre des services à l'agriculture
et racheter ainsi, par son travail, une partie
de son prix de revient ; elle s'est peu à peu
transformée, a été bientôt remplacée par une
race de trait mélangée de Francs-Comtois, de
Boulonnais et de Percherons, et à l'heure qu'il
est on ne trouve presque plus de chevaux de
la petite et vigoureuse race des montagnes
du Morvan.

Nous allons voir qu'une même transformation menace l'excellente race bovine du Morvan, et les raisons économiques en seront faciles à saisir.

La race morvandelle qui peuplait autrefois
presque tout le Nivernais, est peut-être la meil-

leure race de travail qui existe au monde ; elle est sobre, vigoureuse, légère, bien prise dans ses membres et près de terre, mais de petite taille. Sa couleur est acajou clair ou café au lait, et une large raie blanche sur les reins et les fesses qui se reproduit à la tête, comme dans la race anglaise de Hereford, lui donne un caractère tout particulier. Ses cornes sont assez longues mais fines et bien placées. — L'aptitude des bœufs du Morvan pour la marche est vraiment extraordinaire, et ils sont capables de traîner des poids considérables : une charge de 1,500 à 1,700 kilogr. sur une charrette est dans les usages ordinaires.

Une paire de bœufs coûte de 500 à 600 fr.; elle ne représente certainement pas ce poids en viande; mais leurs services sont fort recherchés pour les parties montagneuses du Morvan, et les rouliers les préfèrent d'ordinaire, à égalité de prix, à des bœufs d'un poids plus grand, à cause de la supériorité de leur marche. Dans le Morvan, plus que dans aucune autre partie de la France, les charrois sont faits par les bêtes à cornes, et l'on aura une idée du commerce des bœufs de transport par le nombre des animaux qui couvrent les champs de foire d'Autun ou de Château-Chinon. Il n'est pas rare de voir à la fois en vente, à l'une de ces foires, 2,500 paires de bœufs.

Lorsque les travaux agricoles du printemps sont terminés dans les parties élevées et montagneuses du Morvan, presque tous les bœufs attelés à de petites charrettes émigrent vers les lieux où il y a de nombreux charrois à faire pour le transport des merrains, des bois et des charbons, du minerai et des fontes, aux bords des rivières flottables, et dans les usines importantes de ce pays. Depuis peu d'années seulement, les bœufs charollais viennent leur faire concurrence, concurrence si redoutable, que, sur 11,000 ou 12,000 bœufs qui font les charrois de l'usine de Fourchambault, plus des deux tiers appartiennent déjà à la race charollaise ou aux métis de cette race.

« Depuis l'invention du flottage (1547), dit M. Delafond, jusqu'en 1830 à peu près, les transports du bois avaient été faits exclusivement par le bœuf morvandeau. C'est que, en effet, la sobriété, la force, le courage, l'adresse, la patience, la docilité et, je ne dois point l'oublier, la souplesse, l'épaisseur, la dureté et la solidité de l'ongle du bœuf du Morvan, le faisaient considérer à juste titre comme l'animal seul capable d'exécuter ces charrois dans des lieux souvent très-escarpés, à travers les bois ou en suivant des chemins peu fréquentés, défoncés, boueux et presque impraticables, notamment dans les années humides... Dans

le Bazois, les vaux d'Yonne et de Montenoison, ces transports se faisaient en concurrence avec les bœufs du Morvan élevés dans
le pays. A l'automne, ces charrois étant terminés, bœufs et conducteurs regagnaient leurs
montagnes pour y passer l'hiver. Les plus âgés
de ces bœufs restaient dans le Bazois pour y
être engraissés.

« Mais à dater de 1830, époque à laquelle la
Nièvre fut sillonnée par de bonnes routes ar-
rivant à peu de distance des rivières flottables ; à dater surtout de la communication de
l'Yonne avec la Loire par l'ouverture, sur toute
la ligne, du canal du Nivernais, qui raccourcit
considérablement les distances des lieux d'exploitation aux lieux de navigation, les transports devinrent plus faciles, moins longs et
surtout moins pénibles. A dater de ce moment,
le bœuf du Morvan ne fut plus considéré
comme l'animal rigoureusement indispensable
pour faire les transports des produits sylvicoles. Le bœuf charollais, déjà très-répandu
dans tout le nord de la Nièvre, excepté le
Morvan, réunissant à la qualité d'excellent
travailleur celle aussi de s'engraisser vite et
bien, soit à l'herbage, soit à l'étable, et par
cela même d'être vendu plus cher aux herbagers du pays que le bœuf morvandeau, fut
bientôt utilisé très-avantageusement, et en

commun avec le bœuf du Morvan, au transport des bois, par tous les petits cultivateurs. Mais cette cause ne fut pas la seule.

« A la même époque, je dois le rappeler, la race chevaline légère du Morvan avait disparu et était remplacée par la grosse race franc-comtoise propre au travail de traits. Or, cette race fut utilisée aussi, concurremment avec les bœufs, et l'est encore aujourd'hui, pour le transport du bois des vaux d'Yonne, de Montenoison et du Bazois aux ports du canal du Nivernais particulièrement.

« L'ouverture du canal du Nivernais dans l'Yonne, le percement des routes, furent le signal de la coupe des grandes forêts de Vincence, de Biches, de la Gravelle, et surtout de la destruction des hautes futaies conservées intactes jusque-là. Les coups de hache y retentirent surtout depuis la construction des chemins de fer, que l'on pourrait aussi nommer des *chemins de bois*.

« Ces ventes procurèrent de nombreux capitaux, qui furent reportés vers l'agriculture et concoururent aux perfectionnements que j'ai signalés dans les cultures. Or, ces circonstances diverses contribuèrent évidemment à l'abandon du bœuf de travail du Morvan et à son remplacement par le bœuf charollais, bon travailleur aussi, mais qui réunissait à cet avautage celui d'être très-bon consommateur.

« Aujourd'hui donc les bœufs charollais des vaux d'Yonne, de Montenoison et du Bazois sont utilisés aussi bien que les bœufs morvandeaux, aux transports des produits sylvicoles sur les ports du canal, comme aussi, mais en moins grand nombre cependant, aux ports flottables de la Cure, de l'Yonne, du Beuvron et du Sozay. Il y a plus : dans tous les bas étages du Morvan, comprenant les cantons de Lormes, de Châtillon et de Moulins-Engilbert, les vaches morvandelles sont livrées au taureau charollais, et les descendants de ce croisement, déjà très-appréciés pour le travail et l'engrais, sont en grand nombre employés aux charrois, jusqu'à ce qu'ils soient remplacés à leur tour par la race charollaise dans tous les lieux où l'agriculture recevra un notable perfectionnement. Il est donc plus que probable que, dans un temps peu éloigné peut-être, tous les transports des versants nord et nord-est de la Nièvre seront presque entièrement exécutés par des bœufs charollais et par des chevaux. »

Il résulte de toutes ces causes, que l'élevage de la race morvandelle est refoulé dans les montagnes granitiques du haut Morvan, où sa rusticité, sa sobriété et son adresse rendent des services incomparables, et qu'une autre

5.

race, qui, à ces qualités, joint un plus grand poids, plus de précocité et d'aptitude à l'engraissement, tend à la remplacer partout ailleurs.

Un grand défaut est, en effet, reproché à la race du Morvan : elle est lente à se former. — Ses bœufs n'ont acquis toute leur force pour le travail qu'à quatre ans et demi et cinq ans, et ce n'est que beaucoup plus tard qu'ils deviennent aptes à être engraissés. Plus le Morvan se rapprochera, par les voies de fer, des grands centres de consommation, plus ce défaut paraîtra considérable et plus elle tendra à disparaître. — Plus aussi la culture des fourrages artificiels fera de progrès, plus l'entretien d'une race de plus haut poids deviendra possible. — On le voit donc, tout tend à faire bientôt disparaître, malgré ses qualités, la race bovine du Morvan, comme a disparu déjà la race de ses braves et infatigables petits chevaux.

§ 6. — *Race bovine de Parthenay et de Chollet.*

Je dois, pour rendre la justice qui est due à une race aussi importante et aussi remarquable que l'est la race de Vendée, connue sous le nom de *race de Parthenay*, ou *race de Chollet*, emprunter la charmante descrip-

tion que nous devons à la plume élégante de
M. Ch. de Sourdeval. Personne ne peut songer
à refaire ce travail après lui, et toutes mes
impressions sur cette race y sont d'ailleurs si
parfaitement rendues, que j'éprouve un véritable plaisir à citer une étude aussi complète.

« Le Bocage, essentiellement différent des
deux contrées qui l'enserrent (le Marais et la
Plaine), repose tout entier sur un prolongement
du massif granitique et schisteux qui constitue
la péninsule armoricaine. Son aspect est rude
comme les saillies du schiste et du granit ; ses
champs sont divisés en parallélogrammes de
un à deux hectares, invariablement entourés
de haies composées de chênes, de houx, que
l'on entrelace sur pied. Ces haies sont sur-
montées de nombreux chênes que l'on ex-
ploite en têtards. Le sol du Bocage varie de la
terre la plus fertile à la plus ingrate ; la première a pour indice une admirable végétation
du chêne ; la seconde, la spontanéité, la téna-
cité de la bruyère et l'air chétif des arbres.
Partout le sol du Bocage a besoin, pour produire, d'être soigneusement travaillé. Il n'a de
prairies naturelles que sur les bords encaissés
de ses ruisseaux. L'industrie, en outre, a for-
mé artificiellement un assez grand nombre de
prairies gazonnées dans les dépressions du sol

susceptibles de conserver quelque fraîcheur en été; elles reçoivent un engrais de fumier et de terreau, et une simple irrigation d'eau pluviale en hiver. Des terrains très-arides, voués à la bruyère depuis l'origine des siècles, ont été, de la sorte, convertis en excellentes prairies par l'industrie vendéenne. La chaîne de collines qui, venant de Lusignan, passe par Vouvant, la Châtaigneraye, Ponzauges, les Herbiers, et va encadrer les bords de la Sèvre nantaise, est irriguée, sur certains points, par les eaux vives avec le même art, le même succès qu'en Suisse. Le trèfle est la seule légumineuse de prairie qui prospère dans le Bocage; mais le chou a été, de temps immémorial, la base de la culture fourragère du pays; on en distingue plusieurs espèces : le chou multicaule est surtout cultivé dans l'est, et le chou cavalier dans l'ouest. A cette culture on ajoute maintenant celle des pommes de terre, des betteraves, turneps, etc.

« Il résulte de cette agriculture que la race bovine du Bocage n'est pas, comme celle du Marais, une race de prairie, uniquement façonnée par le sol; elle est, au contraire, rassemblée de très-près sous la main de l'homme; elle passe à l'étable la majeure partie de son temps, y reçoit sa nourriture la plus substantielle, en sort tous les jours pour aller aux

champs faire une promenade de santé plutôt
que d'alimentation. Le bœuf vit ainsi dans la
société continuelle de son maître; il est élevé,
traité doucement par lui ; au travail même les
mauvais traitements lui sont soigneusement
épargnés ; ils sont remplacés par une série in-
terminable de termes d'amitié , de paroles
encourageantes et persuasives. Lors même
que deux bœufs se battent, le bouvier, au lieu
de les séparer en les frappant de son aiguillon,
commence par déposer cet instrument ; il se
précipite, sans armes, entre les cornes qui s'en-
tre-croisent, les saisit de ses mains, les détourne
de leur direction hostile , et renvoie les deux
adversaires pacifiés , non effarouchés à force
de coups. La race bovine du Bocage porte
éminemment les caractères d'une race homogène et ancienne , ses formes sont prononcées
et d'une similitude d'autant plus invariable
que le goût des détenteurs ne permet pas d'é-
carts. Ces animaux passent rarement leur vie
entre les mains d'un même maître. Nés chez
l'un , souvent ils sont élevés par un second ,
qui les cède à un troisième pour le commencement du travail , puis celui-ci à un quatrième pour le travail sérieux; de là ils passent
à l'herbager ou à l'engraisseur. Ce changement
réitéré de maîtres les soumet pendant le cours
de leur vie à un contrôle perpétuel, à une cri-

tique sévère dont le résultat est de provoquer la régularité, l'unité dans les formes, et en même temps les signes distinctifs de l'aptitude au travail et à l'engraissement.

Tout porte à croire que la race du Bocage existe depuis fort longtemps dans son état actuel, car les caractères qui lui sont propres la font différer profondément des races circonvoisines. Elle est répandue sur tout le plateau géologique du Bocage compris entre le Marais, la Plaine et la Loire, d'où il suit qu'elle occupe, non-seulement tout le Bocage de la Vendée, mais celui des Deux-Sèvres, de Maine-et-Loire et de la Loire-Inférieure. Elle cesse partout avec les terrains de schiste et de granit, parce qu'avec ces terrains cesse le système de la culture enclose pour celui de la culture en plaine; enfin, par une coïncidence très-remarquable, qui se lie d'ailleurs au sol et à l'agriculture, la circonscription de la race bovine du Bocage est la même que celle de la Vendée insurgée en 1793 (le Marais de l'ouest, occupé par une autre race bovine, s'ajouta seul à l'insurrection).

Cette race si identique dans ses caractères généraux, diffère toutefois de taille et de qualité suivant les lieux, c'est-à-dire, suivant les ressources que lui offrent le sol, l'agriculture et surtout les soins. Il semble que le foyer le

plus pur de la race occupe les deux versants de
ces petites Alpes vendéennes, aux sommets
boisés, aux pentes verdoyantes et arrosées,
aux fraîches vallées qui s'étendent de Vouvant
à Tiffauges, passant par la Châtaigneraie,
Pouzauges, les Herbiers; encaissant, au midi,
le bassin de la Sèvre nantaise. Nulle part, en
effet, la race n'offre plus de distinction, de
finesse, plus de *sang*, en un mot, que dans
cette fertile et pittoresque contrée; nulle part
elle n'est élevée avec plus de soin et plus d'a-
mour. Son type consiste dans un front large
et plat, nez droit, gros et court, cornes longues
et effilées, blanches dans la première et la
plus grande partie de leur longueur, noires à
l'extrémité. Ces cornes, à la forme desquelles
on attache beaucoup d'importance, doivent,
pour être *bien mises*, s'écarter au sortir de la
tête, puis revenir en avant, puis enfin remonter en se contournant, de manière à s'élever
au sommet et à diriger celui-ci en haut. La
race qui nous occupe est peut-être la seule
parmi les races fines pour laquelle on exige
une longue encornure, et, certes, il est constant qu'ici la végétation cornée ne nuit point
au développement, à la richesse des formes de
l'animal, ni à sa qualité. Le col doit être court
et musculeux; le fanon détaché et mobile; les
épaules épaisses, bas descendues, non sur-

montées de garrot (condition puissante dans
le cheval de gros trait); la poitrine large et
forte, la ligne du dos droite, les côtes amples,
arrondies; les hanches larges, mais recou-
vertes par les muscles, de manière à n'être pas
trop saillantes; la croupe étendue, presque
horizontale; la naissance de la queue effacée
dans la croupe; la queue pendante, longue,
fournie de crins noirs à son extrémité. Les
cuisses, musclées et droites, doivent, autant
que possible, former le carré avec la saillie des
hanches; les jarrets sont larges, secs et droits;
les jambes d'aplomb et fortes, la peau fine et
moëlleuse. Nulle autre robe n'est admise, dans
toute la race du Bocage, que la robe froment,
exempte de taches blanches : elle varie seulement d'un ton plus vif à un ton plus pâle; ce
dernier est appelé *clairet*, l'autre, *poil rouge*.
Toute la race naît avec une couleur brune
très-prononcée, mais qui s'éclaircit graduellement avec l'âge, et finit quelquefois par une
nuance blanchâtre. Le tour des yeux, du
mufle, ainsi que la *culotte*, doivent présenter
ce duvet d'un blanc perlé que l'on retrouve au
nez, aux yeux, à la *culotte* du chevreuil; le
mufle, les yeux noirs et brillants, se détachent,
comme chez l'élégant quadrupède que nous venons de nommer, de la blanche et soyeuse
auréole qui les entoure. Cette auréole, si esti-

mée des éleveurs, est nommée par eux les *us blancs* [1]. Les yeux et le mufle rouges, les cornes blondes, les robes blanches, noires ou mélangées, sont inconnues dans la race, et rejetés comme autant d'hérésies. La taille du bœuf, mesurée à la hanche (toujours plus élevée que les épaules), est d'un mètre trente-cinq centimètres à un mètre quarante-cinq centimètres. A l'état d'engraissement, les bœufs pèsent de quatre à cinq cents kilogrammes.

Jusqu'ici, les éleveurs du Bocage ont professé un véritable culte pour leur race; ils n'ont jamais admis à la reproduction que des animaux offrant les caractères que nous venons d'énoncer; et l'expérience a démontré que, dans la race dont il s'agit, ces caractères concordent avec les meilleures conditions pour le travail, pour l'engraissement et pour la finesse de la viande. Aucune autre race, peut-être, ne réunit à un aussi haut degré le double caractère de race travailleuse et de race succulente.

Toutefois, ce n'est pas dans cette riche contrée, dans ce foyer si pur, qu'il faut chercher le point le plus actif de la production et

(1) Sans doute du vieux mot français *us*, *huis*, porte, approche.

le centre du plus grand commerce d'élèves ;
c'est plutôt dans l'arrondissement de Parthenay, des Deux-Sèvres. L'espèce de Parthenay
n'est qu'une nuance de la précédente. Les habitants de cette contrée ont pour leur bétail
le même dévouement et lui prodiguent les
mêmes soins ; mais, soit effet de croisements
anciens, soit influence du terroir et des fourrages, le bœuf de Parthenay a des membres
plus forts et un peu plus de poids que son
émule, mais il a la peau moins fine, le poil
moins soyeux ; sa corne plus grosse, plus
courte et moins bien faite, a souvent besoin
d'être corrigée par une direction orthopé-
dique.

Le bétail de ces deux contrées privilégiées,
comme celui des bons cantons du Bocage, est
entouré de soins dès son jeune âge ; les veaux
boivent souvent le lait de deux vaches, et
toujours ils reçoivent une alimentation choisie. On pense avec raison que de ces premiers
soins dépend tout leur avenir. Les formes,
bien développées dans l'enfance, préparent
une bonne et saine constitution qui se prête à
toutes les aptitudes. Ces animaux sont faciles
à élever et d'une douceur remarquable ;
adultes, ils ont la démarche ferme et aisée,
sont courageux au travail ; vieux, ils s'engraissent facilement. L'engraissement se fait

à l'étable, pendant l'hiver généralement, et à l'aide de récoltes sarclées.

De temps immémorial, le reste du Bocage élève une grande quantité de bétail appartenant à la même souche. C'est toujours même conformation et même robe; mais la nuance varie selon le territoire et le degré d'agriculture. C'est le soin, c'est la culture qui développent ces animaux dans leur perfection. Un sol négligé ou rebelle fait bientôt sentir sa triste influence. Les tribus de la race du Bocage qui vivent sur un terrain peu énergique, qui paissent sur la bruyère, perdent leur taille, l'ampleur de leurs muscles, le brillant de leur robe; le duvet perlé qui borde le nez, les yeux ou double les cuisses, cachet si distinctif de la belle race, s'efface à mesure que l'espèce dégénère. Dans quelques localités très-arides de l'arrondissement des Sables, la race est arrivée à une petitesse extrême, tout en conservant ses caractères principaux. Cependant, la plupart des cantons entretiennent leur tribu dans un état satisfaisant de pureté et de prospérité, soit par les soins qu'ils donnent, soit par des achats souvent répétés de veaux et de génisses provenant des meilleurs types.

Le bétail du Bocage est l'objet d'un commerce très-actif tant à l'extérieur qu'à l'inté-

rieur même de son territoire. Les veaux et
génisses de Parthenay sont très-recherchés
par les éleveurs de tout le Bocage, et les
attelages qui en proviennent émigrent en foule
vers la Saintonge, le haut Poitou et la Tou-
raine, où ils se vendent sous le nom de
bœufs de Gâtine. Beaucoup vont aussi dans
le pays de Retz, pour être employés aux travaux de l'agriculture et au transport des vins ;
le commerce de Nantes occupe même un certain nombre de ces animaux pour charrier
des marchandises. Les habitants de l'arrondissement de Savenay ne voudraient pas, au
contraire, importer dans leur faible culture
des animaux d'une race aussi avancée ; ils
aiment mieux s'adresser aux tribus moins développées qui s'élèvent entre la Sèvre et le
lac de Grand-Lieu. Là, ils achètent des veaux
de deux ans, qui s'acclimatent aisément sur leur
sol peu fertile et qui fournissent aux besoins
de leur agriculture ; car l'espèce du Bocage,
importée à l'état viager seulement, remplit
toute la péninsule comprise entre la Loire et
la Vilaine ; cette dernière rivière est rarement
franchie par la race bretonne proprement dite.
Les cultivateurs de Clisson, Montaigu, Aizenay, la Motte-Achard, après s'être ainsi dé-
faits avantageusement de leurs médiocres
élèves, mettent leur amour-propre à acquérir

des veaux supérieurs, provenant directement
des plateaux vendéens ou de Parthenay, et
qui, sous les noms de veaux de cordes ou du
pays haut, se vendent, à deux ans, de 450 à
600 fr. la paire. Les bons cultivateurs bénéfi-
cient sur l'échange : les jeunes animaux, bien
soignés, bien nourris, prennent entre leurs
mains de la taille et de l'étoffe ; ils forment de
bons et solides attelages pour le travail, et se
revendent plus tard, avec avantage, aux foires
de Napoléon, la Motte-Achard, Aizenay, l'Hé-
bergement ; mais malheur au cultivateur né-
gligent qui tente, à l'étourdie, cette spéculation ! ces superbes élèves dépérissent entre
ses mains, et il les revend à perte.

Le principal mouvement du bétail vendéen
s'opère à l'intérieur même du Bocage. Presque
sur tous les points on le fait naître, on l'élève,
on l'emploie à l'agriculture, on l'engraisse ;
mais, au-dessus de ce mouvement local domine une sorte de courant supérieur qui prend
sa source dans l'élevage immense des terri-
toires des Herbiers, Pouzauges, Parthenay,
qui fait circuler la race de ces localités dans
tout le massif du Bocage, qui la dirige particulièrement du nord au midi pour le travail,
et qui les ramène vers le nord pour l'engrais ;
car c'est particulièrement sur la rive droite de
la Sèvre, c'est dans le delta compris entre

cette jolie rivière et la Loire qu'est le grand atelier d'engraissement. Là, des milliers de bœufs, vétérans du travail, répartis en des étables obscures et chaudes, sont l'objet de soins assidus pour revêtir la parure de l'holocauste; puis des marchés de Chollet, de Montrevault, ils s'envolent en chemin de fer vers Poissy, théâtre de leur dernier triomphe, et, de là, vers Paris, lieu du sacrifice inéluctable.

Dans cette race, la vache est sensiblement plus petite que le bœuf; ses formes potelées sont en même temps légères, délicates; on demande pour elle la même robe, la même coiffure, enfin le même cachet de race que pour les bœufs. Elle est médiocrement laitière, en quoi elle diffère de sa voisine du Marais, qui l'est à un haut degré. Cette dernière, comme la vache de Suisse et d'Auvergne, se rapproche infiniment plus du bœuf pour l'ampleur des formes que ne le fait celle du Bocage. Les vaches de la Vendée ne vont pas, comme les mâles, courir les aventures d'un commerce lointain; modestes ménagères, elles restent au village, où leur fonction unique est de perpétuer et d'étendre la famille dans tous les priviléges de sa race. Leur lait est employé à la nourriture des élèves, sauf la portion nécessaire pour les besoins de la ferme; c'est un

principe admis parmi les bons agriculteurs du
pays, qu'on ne doit porter au marché ni lait ni
ni beurre, qu'on ne doit y conduire que des
veaux et des génisses bien nourris, et cette
généreuse idée est une des causes principales
du beau développement et de toutes les qualités de l'espèce. Les villes de Nantes, d'Angers
et autres, attirent quelques vaches qui sont
choisies à l'âge adulte, sur les apparences de
leurs qualités lactifères ; puis celles-ci, après
avoir donné ce qu'elles peuvent en ce genre,
sont livrées aux herbages de la Loire. Le reste
des vaches du pays est engraissé sur les lieux
mêmes ou dans les marais de la Charente. Jamais ces bêtes ne sont soumises au travail.

Telle est cette race du Bocage, si homogène,
si identique à travers ses nuances diverses, et
dont la circonscription territoriale est aussi
rigoureusement tracée que son sang est pur
d'alliances étrangères. La manière dont elle
est traitée dans l'étendue du sol qui la nourrit,
nous a conduit à une observation qui est appli-
cable à toutes les races d'animaux domestiques :
qu'avec beaucoup de soins, une nourriture bien
appropriée, les races s'améliorent facilement
en dedans, et arrivent à un degré élevé de
perfection sans le secours de croisements ex-
térieurs ; qu'elles prennent alors un type, un
cachet qui leur est particulier. Une race, au

contraire, est-elle mal soignée, insuffisamment nourrie, par le fait de l'homme et du sol, elle tend à dégénérer; elle a besoin d'être retrempée sans cesse par le croisement, soit du type supérieur qui lui est propre, soit de toute autre race choisie à défaut de type.

Notre race, considérée particulièrement dans ses deux tribus d'élite, est un des spécimens les plus remarquables de l'amélioration *en dedans*, ramenant sans cesse les générations vers un type déterminé, dans lequel se rencontrent la plupart des grandes qualités de l'espèce : régularité, beauté mâle dans les formes, force, courage au travail, chair délicate. De telles qualités ne s'obtiennent qu'à force de soins et de persévérance ; elles ne sont jamais produites par les caprices du sol et du climat. C'est à l'étable que se forment, comme chez nous, les belles races de Fribourg, de Schwitz, de Durham ; c'est à l'écurie que se fait le cheval percheron ; c'est à l'ombre de la tente que naît le cheval arabe ; c'est enfin dans une sorte de palais que se maintient, en Europe, le cheval de pur sang. Les meilleurs pâturages, quand ils agissent seuls, laissent au contraire toujours de l'irrégularité, du décousu dans une race. Nos prairies du Marais, qui élèvent d'une manière si remarquable le bétail presque sans le secours de l'homme,

nous en fournissent la preuve. Elles le font
très-grand, très-pesant, mais quelle infériorité
dans ses formes et dans toutes ses qualités
morales ! quelle anarchie dans le type ! quelle
bigarrure dans la robe ! Le bœuf des Marais
de la Vendée est un rustique et sauvage en-
fant de la nature exploitée par des pasteurs ;
celui du Bocage est une fine et délicate ex-
pression de la civilisation agricole.

Il y a quelques années, lorsque le droit d'octroi, à l'entrée des villes, se percevait par tête
de bétail, on pouvait reprocher au bœuf vendéen de ne pas peser autant que le bœuf d'Auvergne ou du Cotentin, et de présenter un léger déficit au spéculateur qui le conduisait à
la barrière. Ce désavantage avait porté quelques nourrisseurs de Chollet à négliger leur
race locale pour reporter leur industrie sur le
bœuf auvergnat de Salers, qu'ils achetaient
maigre sur la limite méridionale du Poitou,
et qu'ils engraissaient chez eux pour le livrer
aux marchands de Poissy. Mais aujourd'hui,
que le prix de l'octroi se paye proportionnellement au poids, le bœuf de la Vendée rentre
dans tous ses avantages. Il est reconnu que
ce ne sont pas les plus grosses races, mais les
races moyennes, et quelquefois de très-petites
races, qui possèdent les meilleures qualités
relatives. Or, il est peu d'animaux domesti-

6

ques qui réunissent autant de qualités que
notre bœuf vendéen. C'est une race de *pur
sang*, où la finesse des tissus, où l'énergie
morale l'emportent de beaucoup sur la masse.
Il est heureux qu'aujourd'hui le bœuf se pèse
à l'octroi; mais ce n'est pas tant au poids que
le nôtre doit être recherché pour le travail et
pour la boucherie, qu'aux signes distinctifs
de la pureté de sa race. C'est là que sont les
vraies garanties de sa supériorité. Espérons
donc qu'un long avenir est ouvert devant la
race du Bocage, et que jamais elle ne sera
abandonnée pour le prestige de races plus
massives qu'elles.

Mais cette race privilégiée ne prospère
qu'entre les mains des adeptes, des initiés du
Bocage. Pour la conserver dans tout son lustre,
il faut être soi-même, en quelque sorte, un
Bocageon pur sang. Entre les mains des pro-
fanes, elle est incomprise, elle languit, elle se
dénature, absolument comme ferait un cheval de pur sang anglais ou arabe.

Mais qu'entends-je? Un bruit inquiétant
frappe mes oreilles depuis quelque temps. La
multiplication et l'amélioration des routes, me
dit-on, donnent tant de facilité pour aller
vendre à la ville le lait, le beurre, les œufs,
et élèvent si fort la valeur de ces marchandises à débit journalier, que la ration du

jeune bétail, naguère si généreuse, est aujourd'hui menacée d'une réduction déplorable. Déjà sur plusieurs points, au lieu de faire téter deux vaches par un veau, on ne donne qu'une vache pour deux, avec l'eau du ruisseau pour supplément. Qu'à cette industrie de faubourg, il y ait profit pécuniaire, c'est possible; mais c'est sacrifier une vraie et solide richesse à l'appât d'un payement à court terme. C'est, du reste, hélas! le penchant non-seulement de notre agriculture, mais de toute notre production française : réduire tout en petites choses, diviser tout à l'infinitésimal! Chez nous, la science théorique bâtit de magnifiques châteaux en Espagne, et vit dans la contemplation de progrès imaginaires, tandis que, la plupart du temps, une brutale et avare pratique démolit tout, réduit tout en poussière. Espérons que notre race du Bocage, fruit de tant de soins prodigués pendant des siècles, échappera à ce pitoyable élément de dissolution! »

Il n'y a à cette charmante description qu'un mot à ajouter : les noms de Bocage et de Gâtine désignent un seul et même pays; et c'est sous le nom de vaches ou de bœufs de Gâtine que sont connus dans les deux Charentes, et même dans le Midi, les descendants moins soignés, mais non moins robustes et utiles de l'excellente race de Parthenay. Je crois bien qu'il en est ainsi, aussi, des bœufs qui peuplent les marais de la Charente-Inférieure, et qui sont connus sous le nom de *Maraîchins*. Les conditions climatériques auxquelles ils sont soumis ont modifié leurs formes, leur pelage, et profondément altéré la finesse de la souche primitive; mais on retrouve cependant en eux des caractères qui sont une indication très-suffisante de leur origine, et des qualités que n'ont pas d'ordinaire les races grossières, et que ne protége pas l'industrie de l'homme.

§ 7. — *Race bovine Mancelle.*

M. Leclerc-Thouin, dans son ouvrage sur l'agriculture de l'ouest de la France, s'exprime ainsi sur la race mancelle :

« Sa couleur est tantôt d'un rouge blond uniforme, tirant plus ou moins sur l'une ou l'autre teinte ; tantôt, et c'est le plus ordinaire, d'un rouge blond maculé de blanc. La tête est particulièrement dessinée de cette couleur, qui forme nettement l'entourage des yeux et se reproduit sur les naseaux ; les cornes, d'un blanc jaunâtre ou verdâtre, sont assez grosses à leur base, ouvertes régulièrement dans leur légère courbure, et ne dépassant pas d'ordinaire 22 à 23 centimètres de longueur; le front est large ainsi que le poitrail; les flancs sont développés; la croupe est épaisse, carrée, formant, jusqu'à la distance du jarret, dans l'attitude du repos, une ligne plutôt droite que convexe; les cuisses ne sont détachées qu'à une faible hauteur du jarret.

« On rencontre d'abord cette race au nord-est de l'arrondissement de Baugé, aux approches et aux alentours de Durtal, où elle m'a paru fort belle, sur les bords du Loir. De là, elle se propage au sud comme au nord de Châteauneuf, jusqu'au delà de Segré, tantôt pure ou à peu près, tantôt diversement modifiée par son croisement avec la race suisse, dont M. de la Lorie avait introduit quelques beaux taureaux dès la fin du siècle dernier. Dans la propriété qui porte ce nom, on reconnaît encore le type paternel à sa couleur noire ou rouge brun, à sa haute stature, aux membres plus osseux, plus gros, au cornage plus vigoureux des individus. En traversant au sud les terres fraîches et fécondes de la petite plaine qui s'étend de la Chapelle à Sainte-Gemme d'Andigné, il est facile de faire la même remarque. Toutefois, les caractères manceaux l'emportent sur les caractères suisses, ou, du moins, si la première race a gagné en corpulence, ce qui peut être dû, par

6.

parenthèse, tout aussi bien à la richesse des herbages qu'au croisement, elle a conservé la disposition charnue qui fait son principal mérite. Il n'est pas rare de voir sortir de cette partie de la contrée des animaux maigres de cinq ans au prix de 800 à 900 fr. la paire. M. Dumas, dans le voisinage du Lion-d'Angers, en a vendu plusieurs jusqu'à 1,000 fr.

« A l'ouest de Segré, on retrouve encore des bœufs de race mancelle bien caractérisée, sur quelques exploitations suffisamment afouragées où elle prospère ; mais généralement elle décroît en taille et elle se perd dans ses croisements avec la race bretonne, jusqu'à ce que celle-ci domine à son tour dans le pays.

« Les bœufs manceaux ne sont pas ordinairement ardents au travail ; par contre, ils engraissent facilement et assez promptement, même dans la jeunesse. Les herbagers normands en font un cas particulier. Lorsque je parcourais la vallée d'Auge, j'ai pu me convaincre qu'ils y arrivent souvent les derniers et qu'ils en sortent cependant les premiers pour l'alimentation de la capitale. Les engraisseurs de Maine-et-Loire sont persuadés qu'ils se font moins bien à la crèche qu'au pâturage ; quelques-uns l'ont même, disent-ils, éprouvé. Que les essais auxquels ils se sont livrés aient eu ou non une valeur décisive, il est à remarquer que ces animaux pénètrent tout aussi peu dans l'arrondissement de Beaupréau que ceux de la race choletaise ne se répandent dans les herbages normands. »

Le bœuf manceau, en effet, a de la propension à prendre de la graisse et donne une bonne viande ; mais il a la charpente osseuse très-développée et est malgré cela très-médiocre travailleur. Les vaches sont mauvaises laitières, nourrissent à peine leur veau, et sont complétement taries après le sevrage. C'est donc une race peu estimable, qu'il est inutile de conserver dans sa pureté, et qui, circonscrite dans un pays de peu d'étendue, dans le voisinage de races aussi précieuses que celles de Chollet, de Normandie et de Bretagne, disparaîtra sans doute dans un avenir peu éloigné.

Aucune race ne me semble plus apte que celle-là à s'améliorer par le croisement de celle de Durham. Peu laitière, le sang de durham ne peut que lui communiquer des facultés très-supérieures aux siennes. — Si médiocre pour le travail qu'elle produit, surtout des bêtes de rente, elle ne peut subir à cet égard aucune influence qui la déprécie. — Destinée à la boucherie spécialement, elle en recevrait une précocité qui lui manque, un rendement supérieur, une diminution des os au profit des parties charnues, plus de poitrine et moins d'abdomen, les côtes arrondies, la tête légère, des modifications, enfin, dans toute sa conformation qui la rendraient plus économique à élever, plus disposée à l'engraissement précoce qu'elle ne l'est aujourd'hui.

L'agriculture est assez avancée dans l'arrondissement de Château-Gontier, centre de l'élevage de la race mancelle; les fourrages artificiels et les racines y sont abondants, et si les bœufs recevaient du sang de durham, cette précocité et cette aptitude à la graisse qu'aucune autre race au monde ne possède à ce degré, il n'est pas douteux que les éleveurs pourraient les amener à un état d'engraissement parfait avec les mêmes soins, le même temps, la même dépense qu'ils emploient à les disposer pour les vendre en bon état aux éleveurs normands qui les transportent dans leurs pâturages.

Ces idées sur la race mancelle ne sont pas nouvelles, elles ont un propagateur ardent dans M. Jamet, dont le zèle et le savoir sont connus, qui joint la pratique à la théorie et qui élève avec succès des métis manceaux-durham. En outre, un grand nombre d'éleveurs, les Comices agricoles de la Mayenne, de Maine-et-Loire et de la Sarthe, ont acheté et entretiennent des taureaux de race pure de

Durham, dédaignés d'abord et maintenant recherchés de plus en plus. Cette voie est bonne, il est à espérer qu'elle sera suivie avec persérance et succès, et dût-elle conduire à l'extinction de la race mancelle actuelle, je ne le regretterais pas, pour ma part.

§ 8. — *Race bretonne.*

Il y a, dit-on, en Bretagne, plusieurs races. Je ne pense pas que cette appréciation soit exacte, et il serait plus juste de dire que le type breton a subi des modifications qui lui ont imprimé tantôt un caractère, tantôt un autre. Ces modifications viennent des différences de richesse du sol et de la nourriture, des soins diversement donnés aux animaux, et enfin des croisements avec des races voisines et étrangères.

La vache des plaines du Léon, de Guingamp ou de Saint-Brieuc ne ressemble pas à

celle du Morbihan, par la très-bonne raison
que les riches pâturages du littoral lui ont
donné un développement que les montagnes
et les bruyères ne peuvent lui procurer ; parce
qu'elle reçoit là des soins hygiéniques qui
sont inconnus ici; mais la race n'est pas diffé-
rente pour cela, elle n'est que modifiée.

Quant aux changements apportés par des
croisements étrangers et fort divers, ils ne
constituent pas de race à part ; ils ne font
qu'altérer l'unité de la race indigène ; et d'ailleurs ils s'opèrent dans des proportions trop
faibles pour avoir une grande influence sur
une population bovine qui est portée à
1,061,028 têtes pour les départements dès Côtes-du-Nord, du Finistère, du Morbihan, de
la Loire-Inférieure et d'Ille-et-Vilaine. Ces
croisements se font aux environs de Nantes
avec des taureaux de la race de Chollet; dans
les Côtes-du-Nord et l'Ille-et-Vilaine, avec des
taureaux manceaux ou normands, suivant que
l'engraissement ou les produits de la laiterie
intéressent les producteurs. Dans les Côtes-
du-Nord il a été fait, par les soins du Comice de
Ploeuc, des croisements avec la race suisse, qui
paraissent avoir donné de très-bonnes vaches
laitières, et qui ont eu pour conséquence naturelle de grandir la race et de donner des
bœufs très-forts pour le travail. Les métis

issus de ces croisements, qui remontent à vingt-cinq ans, sont, dit-on, fort recherchés des cultivateurs qui trouvent qu'ils sont sobres, qu'ils prennent facilement la graisse, et qu'ils atteignent un poids plus fort que l'ancienne race. Mais, dans d'autres parties du même département, des essais semblables n'ont pas réussi.

Enfin, depuis quelques années, on a tenté un assez grand nombre de croisements avec des taureaux de la race pure de Durham. Les résultats obtenus ont été diversement jugés : je crois pouvoir les résumer exactement en disant qu'ils ont été bons quand il s'est agi d'augmenter le poids et la précocité des produits, c'est-à-dire d'élever en vue de la boucherie (en ce cas, certainement, le sang de durham était très-préférable au normand, au chollet, et surtout au manceau) ; mais qu'ils n'ont pas semblé aussi heureux quand on a accouplé, en vue de la production du lait, la petite vache bretonne au taureau de Durham. Et ici même il faut faire une distinction entre les contrées maigres et arides et celles où les produits pouvaient recevoir une nourriture convenable. Dans le premier cas, ces tentatives ont été malheureuses : M. Rieffel, l'habile directeur de Grand-Jouan, n'a pas hésité à qualifier ainsi celles qu'il a faites lui-même. On lui avait confié en 1843 un joli taureau de

Durham, *Dudley* ; il lui fit saillir un grand nombre de vaches bretonnes ; quelques produits furent très-bons, mais le résultat économique évidemment mauvais, en somme. Dans les positions assez favorables où la nourriture ne manque pas, ces croisements peuvent réussir ; on obtiendra ainsi des veaux de plus grand poids et plus précoces ; mais si l'expérience se poursuit au delà d'un premier croisement, si on garde des génisses issues de ces alliances, elles auront sans doute plus de taille, de meilleures formes ; mais seront-elles aussi sobres et aussi bonnes laitières que les bretonnes pures ? Je ne le pense pas, et ceci est grave ; car la principale richesse de la race bovine bretonne consiste dans les produits de la laiterie, le beurre qu'elle fournit en grande quantité

Paris, à Bordeaux, à l'Angleterre et à la consommation locale. La proportion du fourrage consommé au lait produit restera-t-elle encore aussi avantageuse qu'elle l'est avec les bretonnes pures? Le doute est au moins permis.

Ces sortes de croisements ne doivent donc être tentés qu'avec une grande prudence et d'autant plus d'hésitation que l'on habite des contrées moins fertiles.

Le type breton dans sa pureté se trouve entre Saint-Pol de Léon et Vannes, avec quelques variations de taille et de couleur, mais conservant toujours les mêmes formes, les mêmes caractères. Les vaches ont en moyenne 1^m à $1^m.20$, et sont du prix de 75 à 100 francs. Les bêtes de choix dans le Léon sont plus grandes et plus chères; elles pèsent sur pied environ 250 kilogrammes et se vendent, alors que dans les premiers mois du vêlage elles donnent 10 à 15 litres de lait par jour, de 150 à 200 francs. Mais ce sont là des exceptions.

Les animaux de la petite race bretonne sont d'une admirable sobriété, ils se contentent des plus maigres pâturages et possèdent les qualités laitières à un haut degré. Ils sont médiocres pour le travail, mais ils engraissent avec facilité, et la petitesse de leurs os, la finesse de leur peau donnent un rendement en viande nette très-avantageux pour la boucherie.

Si la race bretonne recevait quelques soins intelligents, sans perdre sa rusticité et sa sobriété natives, elle acquerrait sans peine la perfection de formes, le développement et les qualités laitières de la race écossaise d'Ayr; mais on aura une idée du régime misérable auquel elle est soumise, dans le centre de la Bretagne surtout, par ces lignes écrites en 1845 par un élève de l'Institut agricole de Grand-Jouan, M. Basset-Villéon, dans le *Moniteur de l'Association bretonne :*

7

« En général, le mode d'alimentation usité
en Bretagne est une des causes principales de
la chétivité que l'on remarque dans la race
bovine. A peine les élèves peuvent-ils se passer de leur mère, qu'ils sont soumis à un régime misérable, et cela dans la plupart des
fermes. On leur donne, pendant l'hiver, un
peu de paille et de foin (souvent l'un et l'autre
ne sont pas de qualité supérieure), et puis on
les expose sur de mauvais pâturages, pendant quelques heures, à la rigueur du froid.
Conduits sur de semblables pâtures, ils ne
peuvent y trouver les aliments nécessaires à
leur développement. Pour eux, point de ration de production dont ils ont tant besoin ; à
peine y trouvent-ils la ration d'entretien.
Ajoutez à cela les mauvais traitements du
jeune gardien et les aboiements continuels du
chien qui les accompagne ordinairement, et
vous aurez une idée exacte des conditions peu
favorables dans lesquelles ils se trouvent.

« Quand vient le printemps, on les met de
nouveau au pâturage ; mais alors l'herbe, qui
devient abondante, est prise par les élèves en
trop grande quantité : de cette surabondance
de nourriture et du changement subit dans le
régime alimentaire, il résulte des dérange-
ments, des inflammations, qui nuisent à leur
santé et arrêtent leur développement. A leur

rentrée à l'étable, ils ne reçoivent aucun soin, car le pansement de la main est tout à fait inconnu au cultivateur breton, qui laisse la boue durcir sur le corps de son bétail. Cette malpropreté est le résultat du trop long séjour du fumier dans les étables et de la parcimonie que l'on met dans la distribution de la litière.

« La vache n'est pas l'objet de soins plus assidus et ne reçoit pas une nourriture plus abondante, même pendant la gestation. On ne cesse également de la traire que quelques jours avant la mise bas; et, sans égard aux efforts de la nature, le cultivateur tire avec force le jeune veau, au moment du vélage. Après avoir fait son veau, elle reçoit pendant huit ou dix jours une meilleure nourriture; puis on l'abandonne de nouveau sur les pâturages. J'ai vu plusieurs vaches mettre bas pendant qu'elles étaient en foire, et certes, en rentrant à l'étable, le cultivateur n'en prenait guère plus de soin que d'habitude. Souvent même elles avaient à s'en retourner par une pluie battante, circonstance souvent funeste après le vélage.

« Les étables sont construites indistinctement à toutes les expositions et sur un sol très-souvent humide. Elles ont un autre défaut : c'est d'être beaucoup trop fermées, trop basses et trop resserrées. Non-seulement les ouvertures sont étroites et en petit nombre, mais on observe rigoureusement de les boucher toutes, et cela dans la crainte que le froid ne nuise au bétail. Aussi respire-t-il un mauvais air, qui ne se trouve renouvelé que par des ouvertures accidentelles, suites de la vétusté et de la négligence du cultivateur.

« La distribution intérieure est également vicieuse : ainsi on n'y voit pas de mangeoires ni de râteliers, quelques perches posées en travers sur les poutres, servant à placer le foin et la paille, forment le plafond des étables. Aussi, toutes les fois que l'on marche dans le grenier, une assez grande quantité de poussière tombe dans l'étable et se trouve respirée par les animaux ; cette poussière leur attaque la poitrine et les expose à la pulmonie. »

Tout cela ajouté à l'incurie qui préside aux accouplements, au mauvais choix des taureaux et à l'abandon où ils sont laissés dans les pâtures avec les jeunes élèves femelles qu'ils fécondent, en général, à l'âge d'un an, n'ayant pas eux-mêmes atteint cet âge, peut donner une idée de la misère où est réduite l'intéressante race bretonne. S'étonnera-t-on, après cela, des signes de dégénérescence qu'elle porte ?

Non, certes, et on devra admirer, bien au

contraire, que, dans de telles conditions, elle puisse encore conserver les qualités éminentes qui la distinguent.

L'exportation de ces petites vaches pies, à la tête, à l'encolure et aux pieds de chevreuil, a porté la réputation de leurs qualités laitières dans tous les départements du midi et du centre de la France ; réputation bien méritée, à coup sûr, car elles donnent de 8 à 12 litres de lait par jour, dans les premiers mois du vélage, quelquefois même plus de 20. En moyenne, la production d'une bonne vache est évaluée à 5 litres de lait par jour pendant toute l'année, c'est-à-dire à 1,825 litres par an. J'ai entendu raconter qu'une petite vache était offerte, en foire, au prix de 54 francs. Un acquéreur se présentait, mais la trouvait trop chère. Le vendeur, alors, sûr de la bonté de sa marchandise, offrit d'en fixer le prix à 3 francs par litre de lait qu'elle donnerait à l'instant même. On lui en tira 22 litres, et elle fut payée 66 fr.

Mais ce lait n'est pas seulement abondant, il est éminemment butyreux, et M. Rieffel rapporte que, tandis que par des calculs répétés dans toute l'Europe on a trouvé qu'il fallait, en moyenne, 14 litres de lait pour faire une livre de beurre, les vaches bretonnes donnent le même poids avec 11 litres, et qu'on l'obtient quelquefois avec 8 ou 9 litres. Aussi la Bretagne exporte-t-elle une immense quantité de beurre.

La race bretonne prend facilement la graisse, et la Normandie achète dans les Côtes-du-Nord un assez grand nombre de jeunes bestiaux qui prennent dans ses pâturages un remarquable développement. Les Côtes-du-Nord, le Finistère et le Morbihan engraissent eux-mêmes des bœufs qui trouvent un excellent débouché dans les îles anglaises de Jersey et de Guernesey. Terme moyen, ces deux îles en prennent pour 1,200,000 fr. par an, et les Côtes-du-Nord sont pour les deux tiers dans cette fourniture.

J'emprunte encore à M. Basset-Villéon ses renseignements sur l'élevage et l'engraissement des bœufs bretons : « Le bœuf est élevé, jusqu'à l'âge de deux ans et demi ou trois ans, par un fermier qui le vend à cette époque pour être attelé ; souvent aussi il le garde. Deux ou trois ans plus tard, c'est-à-dire à cinq ou six ans, il est vendu maigre à un autre cultivateur, qui le paye, terme moyen, 80 cent. le kilogr. ; il pèse à peu près 150 à 175 kilogr. Il lui faut deux mois d'abondante nourriture pour le mettre mi-gras. Le même cultivateur achève l'engraissement, ou, le plus souvent, le vend à un autre au prix de 90 c. le kilogr. Celui-ci le termine, conduit ses bœufs aux différentes foires, et les vend, en moyenne,

1 fr. à 1 fr. 20 c. le kilogr. Le bœuf pèse alors 215, 225 et 250 kilogr. Aux îles, on accorde une préférence marquée aux bœufs bretons sur les autres ; ils s'y sont trouvés en concurrence avec des bœufs de diverses contrées, et quoique coûtant 10 cent. plus cher par kilogr., ils ont été tous vendus avant qu'on ait pu en placer un seul des autres.

« Les bœufs susceptibles d'être engraissés s'achètent en septembre, octobre et novembre. Copieusement nourri, un bœuf peut devenir mi-gras en deux mois et gras en cinq mois.

« Deux modes d'engraissement sont suivis en Bretagne : l'engraissement mixte et l'engraissement de pouture. Le premier n'est pratiqué que dans l'arrondissement de Guingamp (Côtes-du-Nord).

« Les premiers jours d'octobre on commence à préparer les bœufs pour l'engrais. On les nourrit au regain pendant les mois d'octobre et novembre, puis au foin, à la paille et aux choux jusqu'à la fin d'avril. A cette époque, on leur donne du seigle vert. On engraisse depuis le 1er mai jusqu'à la fin de septembre. Pendant le jour, les bœufs sont à l'étable et reçoivent alternativement de l'herbe, de l'avoine verte et du choux. En août et en septembre, on leur donne du blé noir de Sibérie coupé en vert. A six heures du soir, on les conduit dans des pièces de terre qui sont sous veillon, et là ils pâturent jusqu'à sept heures du matin. L'engraissement des bœufs soumis à cette méthode dure quatre ou cinq mois.

« L'engraissement de pouture est celui qui est le plus généralement répandu dans la Bretagne. A Corlay et Moncontour, arrondissement de Saint-Brieuc (Côtes-du-Nord), on engraisse à l'étable pendant les mois de septembre, octobre et novembre. La nourriture des bœufs consiste en foin, avoine et farine. Le même mode est usité dans le Morbihan, mais pendant un plus long espace de temps. Ainsi, dans ce département, on engraisse durant les mois d'octobre, novembre, décembre, janvier, février, mars et avril. En suivant cette méthode, l'engraissement ne dure que deux mois pour les bœufs mi-gras, et trois à quatre mois pour les bœufs maigres.

« C'est pendant les mois de décembre, janvrier, février, mars et avril que l'on engraisse dans le Finistère.

« Les bœufs sont constamment à l'étable et sont nourris de navets, choux et panais : ces derniers sont la nourriture préférée. Deux mois suffisent pour terminer l'engraissement. Les bœufs gras se vendent facilement à toutes les époques de l'année.

« Les contrées les plus renommées pour l'engraissement des veaux sont : Louargat et Pédernec, arrondissement de Guingamp ; puis Ploeuc et Quintin , arrondissement de Saint-Brieuc.

« Les veaux sont livrés à la boucherie à l'âge de deux mois : ils pèsent alors de 75 à 100 kilogr. On en expédie beaucoup pour les îles de Jersey et de Guernesey, et l'on en consomme également dans le pays. Tous ces veaux sont laissés sous la mère jusqu'à l'époque de la vente. »

On le voit donc , et comme race à lait et comme race de boucherie , la race bretonne est digne de fixer l'attention , et mérite des soins plus intelligents que ceux qu'elle reçoit. Dans les pays pauvres , on devrait la conserver dans sa pureté , en choisissant mieux les reproducteurs et en lui procurant un régime moins malsain. Dans les pays plus fertiles, on pourrait lui donner plus de poids en essayant des croisements, soit avec la race de Durham, soit avec la race d'Ayr ; mais, je le répète, telle qu'elle est, avec ses misères, sa pauvreté, son aspect chétif, cette race est encore excellente, et ne saurait être trop recherchée.

Les vaches bretonnes commencent à être entretenues dans quelques vacheries des environs de Paris. Il y a peu de temps qu'une vache de cette bonne petite race provenant de l'exploitation agricole de M. Paturle, à Lormois, fut vendue à la criée ; on remarqua son excellent état d'engraissement. Elle avait coûté, maigre, 88 fr. ; ses quartiers pesaient 146.50 kilogrammes, et sa vente donna les résultats suivants :

	fr.
Viande à la criée.	112.98
Cuir (17 kil.)	10.20
Suif, 33 kil. 50 (2ᵉ race à 75 fr.)	24.45
Total.	147.63
A déduire : octroi, frais de vente, etc.	18.58
Reste net.	139.05

Frappés de l'état d'engraissement de cette vache, de la qualité de sa viande et de la quantité relative de son suif, les rédacteurs de l'*Écho agricole* demandèrent à M. Lecreps, régisseur de M. Paturle, des renseignements qu'il s'empressa de donner, tant sur la nourriture que sur la production du lait d'un troupeau de trente-sept vaches de cette race entretenues par lui. Il résulte de ces renseignements que la vache vendue à la criée le 15 février, et dont il est question plus haut, n'était estimée par les bouchers de la localité qu'à 112 kilogr., parce qu'ils ne se rendaient pas compte de la petitesse des os ; que son engraissement avait eu lieu sans aucun supplé-

ment de nourriture, et qu'elle n'avait consommé par jour, depuis qu'elle n'allait plus
au pâturage, que 4 kilogr. de fourrages secs et
7 kilogr. de betteraves, et qu'elle n'avait reçu
ni son ni grain.

L'alimentation habituelle de ces vaches
chez M. Paturle est, l'été, le pâturage constant dans des prés à sous-sol tourbeux; à
midi et le soir, elles reçoivent une affourée
des herbes du parc qui, par leur qualité inférieure, ne doivent pas entrer dans l'ensemble du foin de la propriété.

L'alimentation d'hiver est l'équivalent de
7 kilogr. de foin, et se compose de 4 kilogr.
de regain de luzerne, 5 kilogr. de betteraves
ou de choux branchus de Poitou et 3 litres de
son fin.

Les vaches qui ne donnent pas de lait ne
reçoivent pas de son; il est remplacé par
2 kilogr. de betteraves.

Quant au produit de la laiterie, dans la vacherie de M. Paturle, il a été, en moyenne, du
1er janvier au 31 décembre 1850, de 4. litres
800 par tête ou 1 litre par 1.45 kilogrammes
de fourrage consommé. Ces vaches ne sont
pas encore complétement acclimatées, et
M. Lecreps dit qu'il a vu en Bretagne le
résultat moyen d'une année donner, chez
M. Trochu, 1 litre par chaque 1.35 kilog. de

fourrage consommé. Il rapproche ces chiffres du résultat d'un rapport fait par lui au Comice agricole de Corbeil sur les rendements constatés chez un grand nombre de cultivateurs possédant des vaches d'un poids moyen de 250 kil.; ces résultats sont une moyenne de 6 à 7 litres avec une nourriture journalière de 16 à 17 kil. de foin, et donnant la proportion de 1 litre par 2.43 kilog. à 1 litre par 2.75 kilog.

Ces chiffres font apprécier la supériorité de rendement proportionnel des petites vaches bretonnes sur les grandes vaches normandes et flamandes.

§ 9. — *Race d'Auvergne ou de Salers.*

L'Auvergne renferme deux races très-distinctes. L'une couvre les montagnes du Puy-de-Dôme, les environs de la magnifique Limagne. Celle-là est petite, grossière, mal conformée, d'un pelage blanc et noir comme celui des vaches pies de Berne et de Fribourg, et semble être la descendance dégénérée, rabougrie, de la belle race suisse qu'elle rappelle. Je ne crois pas utile de parler avec détail de cette variété peu intéressante des bestiaux de l'Auvergne.

La race connue sous le nom de Race de Salers, et qui tire son nom d'une petite ville dont les environs produisent les animaux les plus parfaits de la race, occupe presque toutes les montagnes de l'Auvergne, se fondant à l'ouest avec la race limousine, et perdant de ce côté seulement quelques-uns des caractères qui la distinguent.

Cette race est bonne laitière, estimée pour la boucherie et éminemment propre au travail. — Voici la description qu'en fait M. Grognier qui, né en Auvergne, en connaît bien le bétail et les habitudes :

« Taille de 1^m.40^c à 1^m.50^c; poil court, doux, luisant, presque toujours d'un rouge vif sans taches; tête courte, front large, tapissé chez le taureau d'une grande abondance de poils hérissés; cornes courtes, grosses, luisantes, ouvertes, légèrement contournées à la pointe; encolure forte, principalement à la partie supérieure; épaules grosses, poitrail large, fanon descendant jusqu'aux genoux; corps épais, ramassé, cylindrique; ventre volumineux; dos horizontal; croupe volumineuse, fesses larges, hanches petites; attache de la queue fort élevée; extrémités courtes, jarrets larges, allures pesantes, aspect vigoureux, mais annonçant de la douceur et de la docilité.

« Cette race est depuis un temps immémorial établie sur les montagnes au milieu desquelles

est bâtie la petite ville qui lui a donné son nom.
Elle occupe peu d'espace, multiplie beaucoup,
et plus qu'aucune race bovine d'Europe elle
se répand au loin dans toutes les directions,
non pour propager l'espèce, mais pour tracer
des sillons, et ensuite approvisionner les bou-
cheries; s'acclimatant aisément partout, résis-
tant aux intempéries et d'un entretien peu
dispendieux. Ces bœufs prennent les noms des
pays qu'ils ont traversés et passent pour des
boulonnais, des nivernais, des poitevins, des
morvanais. C'est à l'âge de trois à quatre ans
que le plus grand nombre des bœufs auvergnats quitte le sol natal pour ne plus y entrer;
à cet âge, l'accroissement du bœuf, étant loin
d'être complet, devient très-considérable sous
l'influence d'une nourriture succulente ; aussi
acquièrent-ils dans des plaines fertiles, et tout
en travaillant, un volume qui dépasse de beaucoup celui qu'ils auraient acquis sur le sol
natal.

« Cependant, leur engraissement est long,
peu économique, et leur viande n'est pas très-
estimée; on peut attribuer cet effet à deux
causes; la première est la *rusticité* de leur
complexion, qui les rend si propres à soutenir
de rudes travaux; la seconde, à l'usage de les
bistourner au lieu de les châtrer par abla-
tion, ce qui fait qu'ils conservent toute leur

vie quelques restes du caractère du taureau.

« Les femelles de cette race robuste donnent un lait peu abondant, mais très-riche en caséum. En général, quand elles ne sont pas sur les montagnes, on les nourrit mal et on les fait trop travailler.

« C'est avec la plus grande facilité qu'on soumet au joug non-seulement les bœufs, mais encore les taureaux auvergnats; on les fait marcher sur les sols les plus abruptes et sur le penchant des précipices; on dirait que chez eux l'aptitude au travail est un caractère de race qui se transmet par génération comme se transmettent les attributs physiques; les bœufs labourent, en quelque sorte, naturellement, quand ils sont descendus de bœufs laboureurs, comme les chiens chassent bien lorsque leurs ascendants étaient bons chasseurs.

« La douceur, la docilité, l'intelligence des bêtes bovines d'Auvergne ont surtout pour cause la bienveillance que leur témoignent les pasteurs auvergnats.

« Les animaux domestiques ne sont en général méchants que lorsqu'on les traite avec brutalité, et, j'aime à le répéter, les pasteurs auvergnats sont doux envers les animaux. Ils les conduisent avec des pique-bœufs sans aiguillons; ils leur donnent des noms, et s'en font obéir en leur parlant; ils chantent pour

les exciter au travail. Les Poitevins qui achètent nos bœufs ont parmi leurs bouviers des
chanteurs ou *noteurs*, et c'est en chantant que
les engraisseurs du Limousin invitent leurs
bœufs à manger. Si le noteur se tait, le bœuf
ne mange pas. Lorsque les bouviers entrent
à l'étable pour garnir les râteliers, les bœufs
tournent vers eux des regards où se peint la
reconnaissance ; ils les suivent sans difficultés
quand ceux-ci vont les chercher au pâturage,
soit pour les ramener à l'étable, soit pour les
fixer à la charrue. S'il y a plusieurs paires de
bœufs, chacune d'elles reconnaît son conduc-
teur et obéirait avec répugnance, du moins
pendant quelques jours, à un autre bouvier ;
et si celui-ci manquait de douceur, ils devien-
draient indociles et méchants. Les bœufs ca-
marades se prennent d'amitié ; chacun d'eux
connaît la place qu'il doit occuper à la charrue ; celui qui doit être fixé au joug le dernier attend paisiblement que son camarade
soit attaché avant de se présenter pour être
attaché à son tour.

« Une chose remarquable, c'est que les bœufs
savent que ce n'est pas pour labourer, mais
pour pâturer qu'on les fait sortir le dimanche ;
aussi bondissent-ils de joie ces jours-là en
franchissant la porte de l'étable. Je ne dirai
rien de l'intelligence des vaches de monta-

gnes qui connaissent la voix de leurs pasteurs, qui distinguent dans les pacages les limites qu'elles ne doivent pas franchir, qui savent obéir à celle d'entre elles qui s'est constituée le chef du troupeau. Nous avons en effet dans notre Auvergne des vaches *helruckes*, tout comme il en est en Suisse, c'est-à-dire des vaches plus fortes, plus hardies, plus intelligentes que leurs compagnes, qui s'établissent les reines du troupeau, et dont l'empire est consacré par une sonnette bruyante que le pasteur leur attache au cou. Comme en Suisse, nos vaches connaissent l'époque fixe où elles doivent se diriger sur les montagnes, et si les intempéries retardent ce départ, elles témoignent la plus vive impatience; elles n'ignorent pas non plus le moment où elles doivent descendre, et ce n'est pas avec moins d'empressement qu'elles se réunissent pour regagner les étables. »

Je ne partage pas l'opinion de M. Grognier sur l'engraissement des bœufs auvergnats : il assure qu'il est long et peu économique; tel n'est pas l'avis de nos engraisseurs les plus distingués. J'ai entendu dire à plusieurs d'entre eux qu'ils rencontraient, au contraire, dans les bœufs d'Auvergne une merveilleuse facilité à prendre la graisse en peu de temps, ce qui les leur faisait préférer aux bœufs li-

mousins et aux bœufs de Vendée. La cessa-
tion de travail suffit presque pour déterminer
une augmentation de poids considérable et un
embonpoint fort raisonnable.

Quant à leurs qualités pour la boucherie,
les faits les plus positifs viennent contredire
l'opinion de M. Grognier. C'est un bœuf de
Salers, de cinq ans, qui, au concours de 1846,
obtint la première prime de deuxième classe,
l'emportant sur un bœuf durham-charollais de
M. Hervieux et sur un cotentin de M. Bos-
cher. Au même concours de 1846, ce fut un
autre bœuf de Salers qui occupa la première
place sur le tableau de rendement proportionnel, l'emportant sur des bœufs durham purs
et sur un bœuf de M. de Torcy. Au concours
de 1847, la race auvergnate occupa la deuxième place, battant encore sur le tableau de
rendement proportionnel les bœufs anglo-cha-
rollais et anglo-normands de MM. de Behague
et de Torcy. Enfin, au concours de 1849, elle
ne fut battue que par deux bœufs, l'un appartenant à M. de Behague, l'autre à M. de Torcy.

Les animaux qui composent les vacheries
dans le Cantal ne restent à l'étable que pendant les mois de l'année où la terre couverte
de neige leur refuse la nourriture; pendant
sept mois au moins, ils vivent constamment
dehors et sans aucun abri.

Une vacherie se compose d'ordinaire de quarante à cent vaches. L'étendue des pacages affectés à un troupeau porte le nom de *montagne*, et le chef vacher les distribue en différents cantons qu'il limite avec soin, et qui doivent successivement recevoir les animaux aux différentes heures de la journée, suivant les convenances du pacage, l'état de l'atmosphère, la disposition de son troupeau.

La vente des élèves est un objet de grande importance; les fromagers, cependant, ne conservent qu'un veau par deux ou trois vaches, et moins encore quand il y a avilissement du prix des bestiaux; le reste est vendu au boucher, à l'âge de huit à quinze jours. Les jeunes veaux sont soigneusement séparés de leurs mères, et tenus à part dans des parcs; ils viennent teter à des heures déterminées, aux heures de la traite, car beaucoup de vaches ne donneraient pas leur lait si elles n'avaient pas leurs veaux auprès d'elles. On lâche successivement ces pauvres bêtes, qui s'empressent de venir teter leur mère, et qu'on écarte aussitôt que le lait est venu, en ne leur laissant que de quoi se nourrir à la rigueur. A l'âge de huit à dix mois, ces jeunes élèves sont achetés par des marchands et emmenés par bandes en Poitou, en Limousin, en Angoumois, dans le Périgord, le Quercy et le Languedoc, où ils sont revendus par paires à des prix avantageux.

On garde chaque année le nombre de génisses suffisant pour renouveler la vacherie
par dixième, et on vend un nombre égal de
vaches, les plus âgées ou les moins bonnes,
pour la boucherie. De cette manière, le troupeau se maintient toujours en bon état.

L'agriculteur le plus distingué du Cantal,
M. le général Higonnet, qui possède une magnifique *montagne* de cent vaches, a l'habitude de ne conserver dans sa vacherie que de
jeunes taureaux d'un an. Il trouve à cette méthode des avantages considérables : ces jeunes
animaux sont fort doux, ne se battent pas entre
eux comme les taureaux plus âgés, qui trou-
blent sans cesse le troupeau du bruit de leurs
querelles ; ils ne sont pas dangereux pour les
vachers ; les femelles sont fécondées plus aisément, et il arrive rarement que, sur cent
vaches, une seule reste vide ; enfin, la beauté
de l'espèce ne s'en ressent nullement, puisque,
au contraire, sa race est recherchée, et plutôt
supérieure qu'inférieure à celle des autres vacheries voisines. M. le général Higonnet n'est
pas le seul à vanter la bonté de la méthode
qu'il emploie, et qui semble au premier abord
en désaccord avec les lois de la nature. Sans
me prononcer sur son excellence, je dois dire
qu'un autre maître dans l'art de l'agriculture,

sir John Sinclair, mentionne, dans *the Code of Agriculture*, comme ayant une très-bonne influence, l'usage de n'employer à la reproduction que de très-jeunes taureaux, et il cite un M. Vandergoes qui a réussi parfaitement en suivant ce système, recommandé par M. Cline, qui possède près de Hague un des plus beaux troupeaux de vaches laitières de la Hollande. M. Cline attribue l'excellence de sa race au soin qu'il a de ne jamais employer que de jeunes taureaux qui n'ont pas encore toute leur croissance, et qu'il réforme toujours à l'âge de trois ans.

Sans être vaches laitières de premier ordre, les vaches d'Auvergne donnent cependant une quantité de lait fort raisonnable, supérieure même à la plupart de nos races françaises. La moyenne de leur produit peut être portée à 10 ou 12 litres, et il n'est pas de vacherie qui ne renferme deux ou trois vaches donnant aux environs de 25 litres. La laiterie, du reste, est la première ressource de l'agriculture pastorale de l'Auvergne. Ses fromages sont renommés, et produisent un revenu considérable. Voici comment on emploie le lait : on le fait cailler avec de la présure dans des tinettes, sans l'écrémer, après quoi on le coule à travers une chausse d'étamine blanche, en ayant recours au feu dans les temps froids ; on

pétrit et on sale assez fortement ; puis enfin,
on place le fromage obtenu et humide sous de
lourdes presses, de façon à le faire parfaitement
égoutter. La liqueur qui s'est séparée de ces
fromages contient encore quelques parties bu-
tyreuses et caséeuses ; on y ajoute alors un peu
de lait pur qui aide à faire remonter la crème,
que l'on extrait et dont on fait du beurre ;
puis, en le faisant égoutter de nouveau, on
retient tous les éléments caséeux échappés à la
première opération, et on en fait un fromage
de qualité inférieure et qui se consomme dans
le pays. Pour le petit-lait qui résulte de ces
diverses manipulations, il est employé à la
nourriture des porcs, qui sont en général annexés à la vacherie dans la proportion d'un
par trois vaches.

Deux cents litres de lait donnent un fromage qui pèse 45 kilogrammes, ou environ.
Le prix moyen du quintal de fromage est de
40 francs.

La production moyenne d'une vache est de
75 kilogr. de fromage et de 12 à 15 kilogr.
de beurre. On voit cependant de bonnes vaches donner jusqu'à 200 kilogr. de fromage
par an.

Le petit nombre d'instruments employés à
la fabrication du fromage sont presque tous
en bois et mal entretenus. Il y a loin de la pro-

preté des fromageries hollandaises ou suisses à celles d'Auvergne; et cette différence ne porte pas seulement sur les meubles, mais encore sur ceux qui les emploient et sur toutes les phases des opérations que nécessite la fabrication.

L'usage de tenir les animaux constamment dehors a, dit-on, la plus heureuse influence sur leur santé et sur l'abondance du lait; il améliore aussi le terrain du pacage; car les vaches ne sont pas constamment en liberté : elles couchent entourées de claies mobiles, comme celles en usage pour les moutons. On met une claie de 2 mètres par vache.

L'hiver, quand les vaches vivent à l'étable, les vacheries bien entendues sont tenues avec la plus sévère propreté, le fumier est retiré deux fois par jour et les écuries sont lavées à grande eau. — C'est ainsi que le général Higonnet est parvenu à préserver sa belle vacherie de l'épidémie cruelle qui sévit sur les animaux d'Auvergne depuis plusieurs années. — La bonne ventilation des étables est encore une des précautions les plus indispensables à prendre avec ces bêtes accoutumées à vivre en plein air et sur des montagnes élevées, la plus grande partie de l'année. Aussi, des courants d'air sont-ils établis partout : les ouvertures pratiquées dans le bas, près du sol, semblent être celles dont la disposition est la plus efficace.

Telles sont la valeur, l'utilité, les habitudes de la belle et bonne race d'Auvergne : son importance commerciale est considérable, et elle méritait un examen attentif.

§ 10. — *Race d'Aubrac.*

La race d'Aubrac a tous les caractères d'une race ancienne, et parfaitement fixée, et je ne crois pas, comme l'ont écrit les meilleurs auteurs, qu'elle ait aucun rapport avec la race d'Auvergne. — Elle diffère essentiellement de l'espèce de Salers et de toutes les variétés d'Auvergne qui se rapprochent plus ou moins de ce type. — L'œil le moins observateur sera, à mon avis, frappé des différences de taille, de formes, de pelage qui les distinguent, et repoussera les opinions qui tendent à montrer la race d'Aubrac comme étant une des races d'Auvergne, opinions qui n'ont d'autres bases que le rapprochement des deux contrées dont il est ici question, et une similitude de mœurs explicable par l'analogie de toutes leurs conditions d'existence.

Je ne doute pas que la race d'Aubrac ne soit originaire des montagnes volcaniques d'Aubrac dans l'Aveyron, et les montagnes d'Aubrac, elles-mêmes, tirent leur nom d'une vieille abbaye fondée par saint Louis pour servir de refuge aux voyageurs. Les environs de l'abbaye d'Aubrac, qui formaient de vastes forêts, se défrichèrent peu à peu et se transformèrent en pâturages fertiles. Dans ces pâturages, on entretint dans sa pureté et on perfectionna une race de bestiaux facile à distinguer des races voisines, peu nombreuse pendant de longues années, et qui, peu à peu, vit ses qualités appréciées, sa réputation s'étendre, et sa production et son commerce prendre des proportions considérables. Maintenant, non-seulement elle couvre tout le pays, et en a presque exclu les bœufs du Quercy, qui, autrefois, travaillaient toutes les terres de l'Aveyron; mais elle s'est encore répandue dans les départements voisins, le Cantal et le Tarn surtout, et la montagne Noire a adopté un type d'animaux qui se rapprochent tout à fait de la race d'Aubrac.

Cette race porte aussi le nom de *race de Laguiole*, chef-lieu de canton du département de l'Aveyron, qui est, en ce moment, son centre de production le plus considérable. — Elle est à la fois parfaitement propre au travail par son énergie, son activité et sa sobriété, et fort disposée à l'engraissement, ainsi que le dénotent sa peau fine et son poil court et lustré.

J'emprunte à l'excellent ouvrage de M. Rodat, sur l'agriculture de l'Aveyron, la description qu'il fait de cette race : « Son caractère le plus distinctif consiste, dit-il, en ce qu'elle a les jambes fort courtes, proportionnellement à la longueur et surtout à la grosseur du tronc ; caractère, pour le dire en passant , qui appartient assez généralement à toutes les espèces animales de cette région, sans excepter l'espèce humaine. La race d'Aubrac a la tête belle, sans être d'une grosseur remarquable, le museau long et gros, les cornes fortes, relevées et contournées avec grâce, mais d'une longueur médiocre. Le poitrail est large, le coffre bombé, le dos écrasé et aplati, les os des iles arrondis et peu saillants, les ischions écartés et se terminant à la chute de la cuisse. Les jambes sont fortes et le pied massif. Elle se fait reconnaître aussi par les teintes suaves et veloutées du poil et par la souplesse de la peau. On peut lui reprocher d'être un peu droite sur ses jarrets, et d'avoir souvent le nerf de la queue un peu court. Sa robe est rarement peinte d'une couleur simple et prononcée : c'est , pour l'ordinaire, un mélange de teintes nuancées et fondues ensemble. Les couleurs les plus ordinaires et les plus estimées sont le fauve tirant sur le lièvre ou le blaireau, et le noir de suie ou marron avec mélange de roux et de gris; tête de Maure, ayant le muffle entouré d'une auréole blanchâtre. Ce dernier trait est fort caractéristique et fort recherché. — On repousse le noir de jais, le blanc laiteux et le rouge sanguin, parce qu'ils déposent contre la pureté de la vieille race de nos montagnes. »

On reconnaîtra, à cette description, l'analogie fort grande qu'il y a entre cette race et celle de Bazas, et surtout la race suisse brune de Schwitz. Cette dernière, croisée avec la race d'Aubrac, lui donnerait une largeur de hanches qui lui manque pour être accomplie dans ses formes, et augmenterait certainement la faculté laitière de ses vaches : amélioration inappréciable pour un pays où la culture pastorale et la laiterie ont la première place.

Les bœufs d'Aubrac sont excellents pour le travail : on les conserve, en général, pour la culture des terres, jusqu'à l'âge de huit à neuf ans. — À cet âge, ils sont vendus pour aller se faire engraisser dans les excellents pâturages du Mézin, puis envoyés sur les marchés de Lyon et des villes environnantes, où ils sont vendus sous le nom de bœufs du Mézin. — Leur viande est savoureuse et très-estimée de la boucherie; leur rendement est très-satisfaisant.

Les femelles, beaucoup plus petites que les

mâles, ainsi que cela a lieu dans beaucoup de races du Midi, sont médiocres laitières. Les meilleures vaches, bien nourries, ne donnent pas plus de 9 à 10 litres de lait par jour. Et cependant, ainsi que je l'ai dit, les produits de la laiterie sont le revenu le plus clair de ce pays couvert de magnifiques pâturages. — On y fabrique des fromages estimés, dont la vente est facile et toujours assurée; et comme il n'en est pas ainsi des autres produits de l'agriculture, cette branche de l'industrie rurale est regardée comme la plus précieuse. Les soins que l'on prend cependant de la manipulation du laitage sont loin d'être parfaits, et c'est ainsi que les *formes* des montagnes d'Aubrac, quoique égales ou supérieures aux *formes* de Hollande lorsqu'elles sont récentes, ne se conservent pas aussi bien, parce que le petit-lait n'en a pas été séparé avec autant de soin, et aussi parce que les Hollandais ont des procédés de salage meilleurs, une propreté inconnue dans les montagnes de l'Aveyron comme dans celles de l'Auvergne. M. Victor Yvart dans une excursion sur les montagnes d'Auvergne, en 1829, disait, en parlant des *burons*, que « les hommes, les fromages, le beurre et le lait, quelquefois même les chiens, y font ordinairement un échange continuel et réciproque d'exhalaisons aussi nuisibles aux uns qu'aux autres. » Rien n'est changé, malheureusement, depuis ce temps.

Les caves de Hollande sont plus fraîches, mieux appropriées que celles de l'Aveyron, et, par suite, disposent mieux les fromages à une bonne conservation; mais je suis convaincu que la principale cause de l'infériorité du fromage français est dans le défaut de soins et de propreté que je viens de signaler.

M. Rodat donne dans son *Cultivateur aveyronnais* des détails intéressants par leur exactitude sur les habitudes des montagnes de son pays. « Il faut pour une vacherie, dit-il, un chef de chalet appelé *cantalès*, un petit garçon pour les veaux et des pâtres pour les vaches : cela revient à un homme pour vingt vaches. Pour un troupeau de cent vaches, la totalité des salaires s'élève à 400 fr. : le *cantalès* gagne 108 fr.; le *védelier*, 52 fr.; les pâtres, 80 fr. chacun. Il n'en est pas ici comme dans les exploitations de culture, où le payement des salaires et de toute la main-d'œuvre échoit avant que le grain soit emmagasiné, et souvent fort longtemps avant la vente. Les salaires des employés des fromageries sont payés à la fin de la campagne, avec les produits de la récolte. Ils ne constituent pas une avance qui vienne s'ajouter au capital circu-

8.

lant. Celui-ci se compose des claies de parc, des *gerles* (espèces de seaux de bois pour traire les vaches), des *comportes*, des *cuves*, des *jattes*, des *pressoirs*, des *tables* et des *moules* pour le fromage, le tout pour une somme de 480 à 494 fr. ou à peu près. Il faut ajouter pour la nourriture des employés, en seigle ou en lard salé, une somme de 140 fr. : cela revient à un peu plus de 6 fr. pour chaque vache. Le surplus de la nourriture est pris sur le lait des vaches.

« On sent qu'à mesure que les troupeaux sont nombreux, cette proportion diminue. Un *védelier*, par exemple, garde aussi bien soixante veaux que cinquante ou cinquante-cinq.

« Ajoutez à cette première mise de fonds les frais de construction du chalet, appelé *mazuc*, pour une somme de 1,000 à 1,200 fr.

« Autrefois ces *mazucs* étaient de mauvaises huttes, construites avec des piquets tressés par des rameaux de chêne, couvertes et revêtues par des pièces de gazon. Aujourd'hui ce sont des maisonnettes qui ont une longueur de dix mètres, sur six de large, une hauteur de cinq mètres, divisée par un plancher, ce qui fournit un rez-de-chaussée et un grenier. Derrière, et adossée au terrier, se trouve la cave pour les fromages avec longueur égale et trois mètres de large; le tout recouvert en ardoise.

A part et tout auprès du chalet se trouve une petite loge à cochons. »

Le produit moyen d'une vache d'Aubrac est de 62 kil. de fromage et de 3 kil. de beurre.

§ 11. — *Race limousine.*

Les voyez-vous, les belles bêtes,
Creuser profond et tracer droit,
Bravant la pluie et les tempêtes,
Qu'il fasse chaud, qu'il fasse froid.

Ces vers de la chanson populaire de Pierre Dupont s'appliquent bien aux beaux bœufs de couleur grain de blé qui occupent non-seulement le Limousin, mais une grande partie de la Charente et de la Charente-Inférieure. Ces derniers, engraissés en Vendée, viennent, sous le nom de *bœufs saintongeais*, jusque dans les abattoirs de Paris ; ils appartiennent tous, cependant, à la race limousine et sont nés dans la Haute-Vienne, dans l'Angoumois ou le haut Périgord, qui entretiennent et élèvent cette race distinguée.

La race limousine est d'assez haute taille, mais surtout bien prise et d'une finesse remarquable. Ses membres sont plus nerveux que développés ; ses os d'une grosseur moyenne. La tête est légère, le rein bien soutenu, la côte ronde et les hanches bien faites. Elle est docile au travail. On exige des jeunes animaux une douceur extrême, et ce n'est que lorsqu'ils se prêtent sans résistance à tous les mouvements de tête et de corps, qu'ils *se manient* parfaitement, que les paysans saintongeais les achètent : le moindre défaut de docilité les déprécie.

C'est à tort que les bœufs de race limousine sont souvent désignés sous le nom de saintongeais. La Saintonge n'élève que dans ses marais, et presque exclusivement des animaux d'une race rustique qui se rapproche par son pelage, si ce n'est par sa finesse et la régularité de ses formes, de la race de Chollet ; ils portent le nom de *maraîchains*. Excellents travailleurs et plus recherchés depuis quelques années, on les trouve principalement employés dans les contrées qui avoisinent les côtes ; mais les quatre cinquièmes de la Saintonge, ses parties les plus fertiles et les mieux cultivées, sont labourées par des bœufs de race limousine nés dans les environs de Larochefoucault, de Nontron et dans le Limousin, et exportés par troupeaux nombreux dès l'âge de quinze à dix-huit mois. Ils sont, dès ce jeune âge, attelés par les paysans saintongeais, acclimatés, accoutumés peu à peu à un travail peu fatigant, et revendus toujours à bénéfice, à mesure qu'ils sont mieux dressés, qu'ils augmentent de taille et de poids, sans cesser d'être dans un embonpoint auquel on attache un prix infini, parce qu'il est l'indice de soins intelligents et d'un entretien bien entendu.

L'éducation des jeunes bœufs, telle qu'elle se fait en Saintonge, est vraiment digne de tout l'intérêt de l'observateur. On cherche et on réussit à faire produire à de très-jeunes animaux un travail qui compense la nourriture abondante qu'ils absorbent; on ne prétend pas au delà, et on bénéficie de la différence du prix d'achat au prix de vente. Dieu sait si le calcul de la dépense et du produit est fait bien exactement : nos paysans ne sont pas forts là-dessus; mais, en le supposant exact, la théorie est bonne certainement; car l'augmentation de poids, c'est-à-dire, de valeur, est certaine dans un jeune animal, si le travail n'est donné que dans la proportion qui favorise son développement.

Les éleveurs de la Vendée sont dans les mêmes principes, ils vont plus loin même : ils attèlent un grand nombre de bœufs adultes à la charrue ou pour les transports, sachant très-bien que la moitié de l'attelage suffirait parfaitement pour faire le travail, mais trouvant bénéfice à maintenir leurs animaux en chair, et à sacrifier à cet état la somme de travail supplémentaire qu'ils pourraient produire. Voici la réponse que faisait, à cet égard, un fermier du Bocage à un savant agriculteur qui lui faisait observer qu'il y avait perte évidente pour le laboureur à faire agir un attelage de trois ou quatre paires, lorsque deux, au plus, seraient suffisantes, non-seulement parce que, en le dédoublant, on pourrait doubler la quantité du travail effectué dans le même temps, mais parce que, plus les animaux sont nombreux, plus il y a décomposition et perte de force pour chacun dans la divergence des mouvements de tous : « Lorsque les animaux de labour sont les mêmes que ceux que vous nommez de rente, il n'y a aucun inconvénient à en avoir beaucoup, car ils rapportent à la fois travail et argent. On rira de moi tant qu'on voudra, je n'en continuerai pas moins de mettre mes huit bœufs à la charrue toutes

les fois qu'il s'agira d'un premier labour,
d'une façon un peu rude, ou toutes les fois
même que le temps ne me pressera pas, parce
que je suis sûr alors qu'ils n'en prennent qu'à
leur aise, et que le travail n'est pour eux qu'un
exercice salutaire. Dans les guérets déjà ouverts, et les moments où la rapidité est un élément de succès, lorsqu'il s'agit de semer ou
de rentrer les récoltes, par exemple, je de-
viens de l'avis de vos livres : d'un seul attelage j'en fais deux, et je ne crains pas alors de
donner à mes bœufs une fatigue passagère,
parce qu'ils se reposeront, et parce que, en
définitive, la production du sol est, en pareil
cas, la principale spéculation. »

Les bœufs, en Saintonge, sont tout à la fois,
en réalité, les animaux de travail et les animaux de rente des cultivateurs. Achetés, à
l'âge de quinze à dix-huit mois, au prix de 200 à
300 francs la paire, ils arrivent en deux ou
trois ans à celui de 600, 700, et même 800 fr.
C'est là un bénéfice considérable, de l'argent
bien net gagné, si, par leur travail et leur fumier, ces animaux ont payé leur entretien ; et
la question n'est pas de savoir par combien de
mains ils ont passé. Ces mains sont nombreuses, et les changements fréquents de régime, d'habitudes, des éléments de leur alimentation, contribuent beaucoup au succès de

ce mode d'élevage ; ils sont notoirement favorables au développement des jeunes animaux ; et on remarque que les bœufs élevés en Saintonge prennent plus de poids que ceux restés dans leur pays natal, bien qu'il soit à présumer que l'on y garde les veaux d'élite.

De nombreux marchands de la Vendée viennent acheter les bœufs limousins en Saintonge, et les payent des prix assez élevés à raison de l'état de chair, de bonne préparation à l'engraissement où ils les trouvent en général.

Les vaches limousines sont médiocres laitières, et on attache peu d'importance à développer leurs facultés à cet égard. L'élevage des jeunes veaux est la spéculation en usage ; et on s'attache surtout aux belles formes, à la finesse du tissu cellulaire, et à l'uniformité du pelage. Depuis quelques années, on introduit en Limousin un assez grand nombre de taureaux garonnais, destinés à augmenter le poids et la taille de la race indigène, à lui donner des formes plus massives. Il y a un danger à l'emploi des reproducteurs garonnais : ils ont la peau moins fine et les os plus gros que ceux du Limousin, et peuvent atténuer ce qui constitue une des qualités dominantes de cette belle et précieuse race.

Ainsi que cela a lieu en Auvergne et en

Gascogne, les vaches sont employées à tous les travaux de la culture. Légères et adroites à la marche, elles font les nombreux charrois nécessités par la petite dimension des charrettes et par un pays très-souvent et fortement accidenté, mieux que ne le feraient des bœufs plus lourds.

§ 12. — *Race garonnaise.* (Fig. 7.)

(Fig. 7.)

La race connue sous le nom de race *Garonnaise*, et qui occupe les deux rives de la Garonne dans un parcours de plus de 60 lieues, entre Toulouse et Bordeaux, a pour principal centre de production les riches plaines qui avoisinent ce fleuve entre Agen et Marmande : aussi, dans le Midi, cette race est-elle généralement désignée sous le nom de race *Age-*

naise ou race *Marmandaise*. Elle comprend deux variétés assez distinctes : celle de la vallée de la Garonne et celle des plaines hautes et des côteaux. La première est la plus grande, la plus lourde, mais la moins homogène, la moins régulière de formes ; la seconde, plus facile à nourrir, plus robuste, plus ramassée, plus petite, résiste mieux au travail. — Du reste, l'usage judicieux de croiser ces deux variétés s'est introduit dans le pays : on donne aux grandes et belles vaches de la plaine des taureaux du coteau, et il est difficile d'établir une ligne de démarcation absolue entre ces deux nuances d'une seule et même espèce.

Dans son ensemble, la race Garonnaise est une des plus belles, des plus grandes et des plus fortes de France, et la mieux adaptée peut-être aux besoins du pays qu'elle occupe. — Il y a infiniment peu de pâturages dans les plaines hautes et basses de la Garonne : leur végétation puissante est utilisée par des cultures qui semblent plus profitables, le tabac, le chanvre, le blé, et l'on se contente de quelques fourrages artificiels qui entretiennent les animaux à l'étable dans un excellent état, du reste ; car l'amour-propre et l'attachement du bouvier gascon pour ses bœufs, égale ceux du charretier alsacien pour son équipage. Il n'y a pourtant pas là l'attrait de harnais reluisants, de ces plaques de cuivre brillantes comme de l'or, et relevant encore la beauté de leur quatre vigoureux chevaux. — Un joug de bois grossier, une résille de corde à peine ornée de quelques bouffettes de laine rouge, et une couverture de toile pour préserver les animaux de la piqûre des mouches, voilà tout l'équipement. Aux jours de fête et de voyage à la ville, cependant, on ajoute une sorte de camail d'osier recouvert de peaux de mouton blanc et surmonté d'un plumet qui, posé sur le cou de ces grands bœufs, semble ajouter encore à leur taille et à leur fierté.

La sobriété de mœurs du paysan gascon semble lui avoir inspiré l'industrieuse économie qui préside à la nourriture de son bétail; il l'aime avec amour, et son affection, ses soins de tous les instants, utilisent d'une façon merveilleuse les faibles ressources dont il peut disposer. — C'est le chef de la famille, celui que l'âge retient constamment au logis, qui seul distribue la nourriture. Ses fils, ses petits-fils, les femmes de la maison ont apporté à l'avance, en un lieu désigné, et le fourrage de maïs et les feuilles des ormeaux, des saules, de la vigne, même les croûtes de pain : apporter quelque chose est l'objet de leur constante préoccupation; mais le père seul sait ce qui doit revenir à chaque bête de l'étable et le lui donne. — Il résulte de ces usages une race sobre, douce et forte, éminemment propre à la culture de ces terres, d'une végétation si active qu'elles demandent de nombreuses façons et des labours profonds.

Les vaches de la race Garonnaise sont de haute taille et travaillent au moins autant que les bœufs, que l'on aime à ménager et à entretenir toujours dans un certain état d'embonpoint et prêts pour la vente ; car une des meilleures spéculations des éleveurs garonnais est le dressage de beaux attelages que l'on vend pour les départements de la Gironde, de la Haute-Garonne, de Tarn-et-Garonne, du Tarn et de la Provence même, et pour le Périgord, où ils sont fort recherchés. Le commerce le plus considérable se fait cependant dans le pays même ; car, pour le département de Lot-et-Garonne, il a été constaté que, sur 33,000 ventes annuelles, il n'y avait pas plus de 8,000 bêtes exportées. La culture par les vaches est d'une bonne économie dans les petites exploitations. Elle a soulevé néanmoins des objections, auxquelles il est bon de répondre par l'opinion des hommes les plus compétents et par des faits pratiques.— La plus forte de ces objections porte sur la diminution de lait que le travail cause aux vaches, et malheureusèment elle ne peut guère avoir d'importance, quant aux vaches de la race Garonnaise, qui sont mauvaises laitières : on ne leur demande que de nourrir bien ou mal leur veau , et après le sevrage, on les tarit aussitôt , dédaignant un profit qui suffit seul à la richesse de l'agriculture de certaines contrées. La diminution du lait est constante ; mais est-elle en proportion telle, que l'ouvrage obtenu ne la compense pas? Voilà la question telle qu'elle doit se poser.

Il y a 200 ans qu'Olivier de Serres disait : « Ayant des vaches de relais, le coutre ne séjournera jamais; et les maniant par tel ordre avec douceur, on s'en servira sans grandes tares de leurs portées et de leur laitage. » —«Et cependant, ajoute M. de Gasparin, nous voyons encore de pauvres gens, possédant une ou plusieurs vaches, ne savoir pas user d'une force qui est mise presque gratuitement à leur disposition, et se croire obligés de tenir des animaux de trait qui leur coûtent cher en nourriture et en entretien, ou se condamner à faire avec leurs propres bras un travail qu'ils pourraient obtenir de leurs animaux de rente.

« L'expérience a prononcé depuis longtemps. Quand on fait travailler une vache quatre ou cinq heures par jour, la perte, sur la quantité du lait, n'est que d'un quart : un travail plus long entraîne une plus grande perte, mais quelques jours de repos rétablissent la sécrétion du

lait dans son état ordinaire. Schmalz a même
remarqué que, quand on les nourrit à discré-
tion de trèfle vert, les vaches attelées consomment une plus grande quantité de fourrage que celles non attelées , sans qu'il y ait
alors la moindre diminution de lait. »

Dans le Hainaut, où le laitage est la principale ressource, la base de la nourriture des
familles de travailleurs, il y a un grand nombre
de petites exploitations de 3, 4 ou 5 hectares ;
elles sont toutes faites par les vaches, qu'ils
nourrissent bien, qu'ils traitent avec douceur,
et ils assurent que celles qui travaillent donnent presque autant de lait que celles qui ne
travaillent pas ; et, pour le beurre, s'il y a une
différence, elle est en faveur des vaches qui
travaillent. Mais, le travail échauffant les vaches, il faut les pourvoir d'une nourriture à la
fois substantielle et rafraîchissante. — Le travail de ces vaches, du reste, n'est guère que
de cinq à six heures en deux attelées, et on
leur épargne autant que possible la chaleur du
milieu du jour.

A côté des pratiques d'un pays où l'agriculture est dans une excellente voie, il est bon
de mettre le résultat d'expériences plus posi-
tives. Il y a peu de temps que M. le baron de
Babo, à Weinheim (Allemagne), voulut s'as-
surer par lui-même de l'avantage qu'il pou-

vait y avoir à utiliser les vaches laitières aux travaux de la terre. Il choisit huit vaches du même âge, les fit nourrir d'une manière parfaitement égale, et en mit quatre à un travail modéré d'une demi-journée tous les jours, les quatre autres restant à l'étable.

Ces dernières avaient fourni, au bout d'un mois, 658 litres de lait; les quatre employées au travail, 616. Le travail avait donc consommé 42 litres; mais, en outre, les quatre bêtes inoccupées avaient augmenté en poids, ensemble, de 18 kilogr., tandis que les travailleuses avaient perdu 6 kilogr.; ce qui donne le résultat suivant : le travail avait coûté 42 litres de lait à 10 cent. l'un, c'est-à-dire 4 fr. 20 c.; plus 6 kilogr. de viande à 1 fr., soit 6 fr. : total, pour les quatre vaches pendant un mois, 10 fr. 20 c., ou 2 fr. 55 c. par vache.

En portant le nombre des jours de travail à vingt, déduction faite des jours fériés et des jours de pluie, cela ne ferait par jour de travail et par vache qu'une perte de 12 c. 3/4.

L'expérimentateur a trouvé que ces frais seraient encore diminués si le lait devait être transformé en beurre; car le lait des vaches travailleuses était beaucoup plus butyreux que celui des vaches inoccupées : d'où il suit que le travail n'aurait d'influence que sur la diminution des parties aqueuses.

Selon M. de Crud, la force de la vache est à celle du bœuf de même race comme 2 : 3 ; c'est à peu près le rapport de leur poids. Les allures de la vache étant plus vives que celles du bœuf, cette proportion est peut-être même un peu plus forte. C'est donc une puissance motrice considérable et qui peut être précieuse dans des circonstances données. Il faut mettre en ligne de compte, cependant, que les vaches sont moins dociles que les bœufs, et qu'elles courent plus de risques par suite de leur état de gestation et de leur plus grande vivacité.

Dans de grandes exploitations, le travail des vaches peut être plus coûteux que profitable, et, sans entrer dans aucune démonstration à cet égard, je dirai que mon opinion est tout à fait conforme à celle de M. de Gasparin, qui dit que « c'est aux petits fermiers que l'on peut recommander d'y avoir recours ; qu'il peut arriver aussi que dans les grandes fermes on ait plus d'avantage à employer, pour les travaux pressés, les vaches laitières aux labours et aux charrois, que de louer des bêtes de trait pour s'en faire aider : un simple calcul comparatif du prix auquel on obtiendrait le travail et de celui du lait qu'on devrait

perdre permettra d'apprécier cette conve-
nance.

« Mais nous ne croirons pas que l'on puisse
jamais adopter le travail des vaches dans les
grandes fermes, à l'exclusion de celui des autres bêtes de trait, et nous sommes en cela
d'accord avec M. F. Villeroy, qui est une autorité en cette matière. »

On jugera de l'importance de cette question pour les plaines de la Garonne, par le
rapprochement des chiffres suivants. Le département de Lot-et-Garonne, je l'ai dit, est
le principal centre de production de la race
Garonnaise. Eh bien ! dans ce département,
dont la population bovine est de 129,973 animaux, on compte 29,163 bœufs, 10,090 taureaux, 26,431 veaux et 64,289 vaches. Dans
l'arrondissement de Marmande, qui est celui
où le nombre des bestiaux est le plus considérable, il y a 21,995 vaches et 5,234 bœufs
seulement.

La valeur totale des bêtes bovines de Lot-
et-Garonne est évaluée à 24,904,512 francs.

Les bœufs garonnais sont de haute taille,
longs, fortement membrés et près de terre,
de couleur grain de blé très-claire, souvent
nuancée de brun à la tête, *enfumés*, dit-on
dans le pays. Ils ont les mêmes marques brunes aux crins de la queue et autour du sa-

9.

bot; leur rein est parfaitement droit, leur
queue bien attachée, leur tête légère, bien
qu'avec des cornes trop longues. Forts et dociles, ils sont éminemment propres au travail,
quoique n'ayant pas la rapidité d'allure des
races plus légères. On voit de beaux échan-
tillons de ces bœufs constamment attelés sur
les quais du port de Bordeaux et occupés au
transport du chargement des navires. Ils ont
tous les caractères d'une race ancienne et parfaitement fixée.

Quelques défauts presque uniformes se re-
marquent souvent dans les animaux de cette
race : ils ont les genoux rentrants, la poitrine
étroite; mais le défaut le plus notable et le plus
fréquent, c'est le manque de largeur des hanches qui amène le rapprochement des jarrets
et établit, pour un observateur attentif, une
sorte de disproportion entre les parties pos-
térieures et les parties antérieures de l'a-
nimal.

C'est ce qui me détermina, il y a déjà bien
des années, à essayer de croiser des vaches
garonnaises que j'avais fait venir en Saintonge, avec un taureau suisse. Ce n'est pas
sans défiance qu'alors, et depuis encore, j'ai
opéré ces croisements. La race Garonnaise
n'est pas une race à peau fine, et je n'ignorais
pas les reproches adressés assez justement à

cet égard à la race suisse de Fribourg. D'un autre côté, j'allais apporter dans le pelage des modifications qui n'étaient pas de peu d'importance pour la facilité de la vente.

Je ne me faisais pas illusion sur les inconvénients, on le voit; mais il y avait des avantages aussi : l'analogie des deux races est frappante sous bien des rapports, et l'écartement des hanches, les admirables aplombs des membres des animaux suisses, leurs cornes fines et courtes et leur faculté laitière, me parurent des motifs suffisants pour tenter un essai que j'ai vu couronné du succès plus tard.

J'ai pu me procurer des taureaux de couleur baie et ayant très-peu de blanc, d'une finesse de peau très-supérieure à celle de la race Garonnaise, et qui, sans perdre les qualités de leur race, avaient une distinction remarquable dans les extrémités, ces têtes courtes et fières estimées dans tous les pays. Je donnerai, à l'article de la race de Fribourg, le portrait d'un de ces taureaux extrêmement remarquable sous tous les rapports et qui n'avait pour moi qu'un défaut; celui d'avoir beaucoup de blanc.

Je crois que les résultats de ces croisements ont démontré que mes prévisions étaient justes. J'ai obtenu des animaux ayant des aplombs magnifiques, excellents pour le travail, au

moins aussi fins que les garonnais purs, et
quelques taches blanches sur le dos ou sur la
tête n'ont jamais empêché les marchands de
donner la préférence aux bœufs du pays, les
Comices agricoles de les couronner dans les
concours. Les vaches sont devenues plus laitières, et il y en a dans le nombre qui n'auraient pas été déplacées dans la meilleure vacherie.

Les bœufs de la race Garonnaise sont excellents pour la boucherie : ils atteignent le
poids de 1100 à 1200 kilog., poids vivant, et
nous les avons vus aux concours de boucherie de Bordeaux, en 1849 et 1850, lutter
avec des animaux de race pure de Durham et
de la race Durham-normande. Leur chair a
le grain très-fin, est parfaitement marbrée,
et leur suif doré. Il est remarquable que,
bien qu'on ne livre d'ordinaire les bœufs à
la boucherie qu'à l'âge de 6 à 8 ans, on
peut cependant leur faire atteindre un haut
poids à un âge beaucoup moins avancé. — La
preuve en est dans le rendement des deux
bœufs qui ont obtenu les premiers prix en
1850 au concours de Bordeaux, rendement
que je vais donner, en observant que les
usages de la boucherie de Bordeaux ne sont
pas les mêmes que ceux de la boucherie de
Paris, et que les pauvres animaux y subissent

un supplice qui, en peu de temps, diminue leur poids dans une énorme proportion. Ils sont promenés pendant deux ou trois jours avant d'être abattus. « Et cette promenade, dit le rapporteur du compte rendu, qui commence le matin et ne se termine qu'à la nuit, sans que l'animal reçoive autre chose qu'une médiocre ration qu'il refuse pour la plupart du temps, cette marche sur un pavé inégal, au milieu du tumulte et du bruit, ont pour résultat inévitable d'opérer dans le poids de l'animal une déperdition considérable. Un exemple frappant de ce fait est fourni par le jeune bœuf qui a obtenu la première prime de la première classe. Venu en bateau de Tonneins, il pesait, au départ de cette ville, le 1er février, 825 kilog.; pesé avant d'être abattu, le 8 février, son poids n'était plus que de 674 kilog. — différence : 151 kilog. »

Voici le rendement des deux jeunes bœufs primés au concours de 1850 :

1er *prix*. — Bœuf agenais appartenant à M. Cramandel, cultivateur à Meillan (Lot-et-Garonne), âgé de 3 ans et 10 mois :

Poids vif à l'abattoir.................... 674 kil.
Poids des 4 quartiers seuls............... 424 kil.
Proportion des 4 quartiers au poids vif. . 62.91 p. 100
Poids du suif............................. 55 kil.
Proportion du suif aux 4 quartiers........ 12.96 p. 100
Poids du cuir............................. 53 kil. 20
Proportion du cuir aux 4 quartiers........ 12.83 p. 100

2° *prix*. — Bœuf agenais appartenant à M. Dumercy, à Puybarbau (Gironde), âgé de 3 ans 11 mois :

Poids vif à l'abattoir...................... 1,088 kil.
Poids des 4 quartiers seuls.............. 683 kil.
Proportion des 4 quartiers au poids vif. 68.78 p. 100
Poids du suif.......................... 81 kil.
Proportion du suif aux 4 quartiers..... 13.19 p. 100
Poids du cuir.......................... 68 kil.
Proportion du cuir aux 4 quartiers..... 10 p. 100

Voici maintenant en quels termes M. Lefour, inspecteur général de l'agriculture, apprécie les résultats du concours de Bordeaux en 1850 :

« Cette année, la race agenaise est entrée résolûment dans la lice, et a produit au concours un animal de quatre ans, qui annonce ce qu'on peut obtenir de précocité de cette race : pour l'harmonie des formes, la souplesse des maniements, le fini de l'état de graisse, ce jeune bœuf rappelle les sujets les plus distingués parmi les jeunes lauréats charollais, normands, durham même, de Poissy. »

Cette appréciation d'un homme compétent, en parlant d'une de nos races méridionales que le Nord croit bien loin d'être comparables aux siennes pour la boucherie, parle plus haut que tout ce que je pourrais en dire moi-même.

En résumé, la race Garonnaise est une de nos plus belles et de nos meilleures races françaises, une des plus belles et des meilleures du monde. Elle peut être perfectionnée encore, mais surtout par elle-même, et toute infusion de sang étranger ne doit être tentée qu'avec une grande réserve : en ce qui touche surtout à la race anglaise de Durham, qui, par son pelage bigarré et son inaptitude au travail, bouleverserait toutes les conditions économiques de la race Garonnaise.

§ 13. — *Race Bazadaise.*

A l'angle sud-est du département de la Gironde, et presque sur les confins de ceux de Lot-et-Garonne et des Landes, est située la jolie petite ville de Bazas, qui a donné son nom à une race peu nombreuse, malheureusement, et qui a des qualités éminentes. Elle participe plus de la race Gasconne que de la race Garonnaise, plus de la race de coteau que de celle de la plaine; mais elle a encore des caractères propres, parfaitement distincts, et qui ne permettent pas de la confondre avec les races voisines. Elle est près de terre, avec des aplombs parfaits, des membres d'une vigueur et d'une beauté remarquables, les hanches bien ouvertes, les fesses bien faites et descendant près du jarret, d'une couleur brune semblable à celle des animaux de Schwitz ou d'Aubrac. Elle est de très-haut poids, et cependant d'une vigueur, pour le travail, supérieure à celle de toutes les races Gasconnes. Ce sont des bœufs bazadais qui transportent à Langon, sur d'énormes charrettes à deux roues et sur une route constamment pavée, tous les produits des Landes qui viennent se réunir à Dax, à Mont-de-Marsan et à Roquefort, c'est-à-dire sur un parcours de 133 kilomètres. La vigueur de ces bœufs est mise aux plus rudes épreuves par les poids énormes dont on les charge. Les planches de bois de sapin sont l'objet d'un commerce important avec le Bordelais; le prix de revient du transport détermine le gain du commerçant, et l'amour de ce gain en est venu à imposer des poids prodigieux à ces braves animaux. Sous un soleil ardent souvent, et au milieu d'une poussière de sable fort incommode, ils marchent sous le joug, attelés à une grande distance l'un de l'autre, et de façon à ne pas se gêner, à des charrettes à deux roues, d'une construction fort lourde.

Bazas est déjà au milieu des Landes; mais une culture soignée et des défrichements nom-

breux permettent de donner aux animaux une
nourriture en rapport avec leur poids. Le sol
y est plus fertile d'ailleurs que dans les arrondissements de Mont-de-Marsan et de Dax,
et je ne sais jusqu'à quel point a été ration-
nelle la tentative qui a été faite à plusieurs
reprises d'introduire dans le département des
Landes des taureaux de la race de Bazas, afin
de donner plus d'ampleur à la race indigène.
On ne saurait trop répéter qu'un bœuf mange
en proportion de son poids, et qu'il faut, par
conséquent, toujours proportionner le poids
des animaux à la nourriture dont on peut disposer. Si ces principes étaient acceptés, populaires, chacun aviserait suivant la richesse de
sa culture à entretenir des races de haut poids
ou à se contenter de la race indigène, sobre,
bien acclimatée, mais moins forte et moins
pesante. Malheureusement il n'en est pas
ainsi, ni dans les Landes, ni ailleurs : l'absolu
a de l'attrait, on succombe à cet attrait, et les
mécomptes ne profitent même pas au voisin,
parce qu'on n'en recherche ni ne pénètre les
causes. A ce point de vue, l'introduction des
taureaux de la race de Bazas dans le département des Landes a donc des dangers, et je
préférerais de beaucoup voir employer des
taureaux de la jolie race d'Uri, qui est celle
des Landes grandie, soignée, améliorée, et

qui a en outre une similitude de pelage qui
n'est pas à dédaigner, car on ne se défait pas
aisément, sur certains marchés, de bœufs au
pelage enfumé, estimés dans Lot-et-Garonne
et dans le Gers, mais non dans les Landes
et les Pyrénées.

Excellents pour le travail, les bœufs de
Bazas ne sont pas moins estimés pour la boucherie. Ils sont plus près de terre que ceux
des plaines de la Garonne, et donnent plus
de viande de première et deuxième qualité.

§ 14. — *Race Gasconne.*

Il y a certainement de grands points de ressemblance entre les races de la Garonne, de
Bazas et de Gascogne, réunies toutes les trois
dans un espace très-resserré, et que ce rapprochement même a amenées à se croiser souvent entre elles; mais il n'en est pas moins
vrai que chacune de ces variétés a conservé
des caractères propres dans le plus grand
nombre de ses individus. La première des
qualités de la race Gasconne, c'est sa légèreté
et sa vigueur pour le travail : elle occupe principalement le département du Gers, pays fort
accidenté, et où les labourages des coteaux
sont pénibles et difficiles ; son aptitude y est
donc mise à une épreuve constante. Son pe-

lage est un peu moins foncé, mais semblable à celui de la race de Bazas. Son corps est parfaitement pris, la côte arrondie, les reins bien faits, les aplombs excellents, les membres nerveux ; la tête est courte et expressive ; son ensemble dénote à la fois l'énergie et la docilité, qui sont bien les caractères de cette race précieuse ; mais on peut lui reprocher d'avoir la racine de la queue très-saillante et l'épaule plus osseuse que charnue.

Les vaches, entretenues en plus grand nombre que les bœufs, y sont, comme dans la plaine de la Garonne, soumises aux plus rudes travaux. Elles ont moins de force que les bœufs ; mais elles sont plus vites, plus légères à la marche, et on leur réserve de préférence les charrois. Leur travail le plus pénible est de dépiquer le blé en traînant le rouleau sur l'aire de la métairie ; l'été, par un soleil ardent, on n'y emploie pas les bœufs, qui maigriraient beaucoup, et les vaches qu'on ne ménage pas, qui d'ailleurs ont une allure plus rapide et plus appropriée à ce travail, y sont seules occupées.

Le grand défaut des vaches de la race Gasconne, comme de celles de la Garonne et de Bazas, est d'être mauvaises laitières. On ne leur demande que la nourriture de leur veau, et il ne vient à la pensée de personne de soigner, de perfectionner les facultés laitières de

cette race, aussi susceptible qu'une autre de
s'améliorer dans ce sens. Le laitage est peu
en usage dans le Midi : il n'entre pas dans la
nourriture des classes ouvrières, et les personnes aisées qui veulent du lait et du beurre
se procurent des vaches de Gastine, ou de ces
petites races bretonnes que les marchands de
l'Ouest mènent en grand nombre dans le Midi,
à toutes les époques de l'année.

Le joug est le seul mode d'attelage adopté,
le seul possible même dans un pays accidenté
comme le département du Gers, et il est d'usage
d'amputer une des cornes de l'animal pour peu
qu'elle gêne par sa direction : cette amputa-
tion ne semble avoir aucun inconvénient, et
elle ne déprécie en rien les animaux sur lesquels on la pratique.

Un usage commun presque à toute la partie
du Midi, où les animaux de travail sont tenus
au régime de la stabulation, se retrouve ici
avec tous ses inconvénients : les bestiaux,
pour approcher de leur nourriture, sont forcés
de placer les pieds de devant sur une sorte de
marche qui est établie tout le long de la crèche, à un niveau très-supérieur à celui où sont
posés les pieds de derrière. De façon que l'inclinaison de leur rein est énorme et aussi con-
damnable au point de vue hygiénique que ridicule à voir. Les membres postérieurs por-

tent tout le poids du corps, et doivent se fatiguer hors de proportion avec ceux de devant. Cette position est très-peu favorable pour la digestion des aliments, et enfin, pour les vaches, elle ne peut qu'entraîner les accidents les plus graves, des mises bas avant terme, etc.

Ce que j'ai dit du bouvier des plaines de la Garonne peut se rapporter à celui de la Gascogne tout entière : il est soigneux pour les animaux, il les traite avec douceur, bien qu'il en exige de rudes services et une allure toujours rapide.

On élève, dans le Gers, un assez grand nombre de chevaux et de mulets; mais ils ne sont nullement employés à la culture; et, quand je rapproche ces circonstances des efforts que font quelques théoriciens habiles pour pousser le gouvernement et les cultivateurs français dans la voie ouverte par l'Angleterre, et chercher à remplacer *partout* et *toujours* le travail des bœufs par celui des chevaux, de manière à réduire le bœuf à la simple condition de machine à fabriquer de la viande et du fumier, au rôle de la poularde, comme ils disent, je me sens de plus en plus convaincu qu'on prend la question par un trop petit côté pour pouvoir jamais réaliser ce qu'on désire. On ne change pas ainsi les habitudes et les aptitudes d'un peuple, sans modifier d'abord les causes

rationnelles qui les produisent. Perfectionnez
d'abord l'agriculture; répandez les lumières
agricoles; faites apprécier la fécondité des
bonnes méthodes de fumure et des riches cultures de l'Angleterre et du nord de la France;
ressortir le prix du temps, le profit des travaux faits avec rapidité et dans le temps convenable, et alors seulement vous aurez démontré la nécessité des moteurs les plus vites, les
plus prompts à exécuter vos travaux, alors
seulement vous pourrez avec fruit chercher à
remplacer le bœuf par le cheval. Mais vous
trouverez encore de grands obstacles dans la
nature des races chevalines du Midi, races légères et peu propres par leur faible poids et
la vivacité de leurs allures, leur excès de sang,
à traîner de lourds fardeaux ou à ouvrir des
sillons. Ce sera un autre problème à résoudre.

Que ces difficultés du présent et de l'avenir soient donc un avertissement salutaire, et
fassent apprécier la valeur des races bovines
aussi aptes et rapides au travail que celle de
Gascogne.

§ 15. — *Race bovine des Landes et des Pyrénées.*

Tous les bestiaux qui couvrent cette partie
de la France comprise entre l'Océan, les fron-

tières d'Espagne et le cours de la Garonne et
de la Baïse, en suivant la ligne des Pyrénées
presque jusqu'à la Méditerranée, appartiennent évidemment à une seule et même race
qui se modifie suivant la richesse ou la pauvreté du pâturage, les conditions climatériques auxquelles elle est soumise, mais qui ne
perd jamais ses caractères propres et parfaitement arrêtés. Elle occupe les départements
des Landes, des Hautes et Basses-Pyrénées,
de l'Ariége et une partie de celui de la Haute-
Garonne.

Ce bétail, dans les Landes, est assez petit,
trapu, parfaitement pris dans ses membres,
leste et énergique; sa couleur grain de blé,
plus claire autour des yeux et aux extrémités,
se nuance cependant d'un rouge plus foncé ou
de brun chez quelques animaux. Il a les cornes fort longues, minces, déliées et souvent
contournées, de couleur blanc mat et noires
vers le bout.

Les animaux de cette race, fine et rustique tout à la fois, sont d'une vivacité, d'une
énergie, d'une résistance extraordinaire au
travail; leur sobriété est fort grande, et leurs
membres, secs et nerveux comme ceux des
bœufs anglais du Devon, ont un caractère à
part et dénotent une extrême légèreté.

L'agriculture est peu avancée dans le dé-

partement des Landes : les prairies naturelles
y sont rares et de peu d'étendue, les prairies
artificielles, bien plus rares encore, et la culture du blé et du maïs absorbe tous les soins
de ses laborieux paysans. — Le bétail n'a
guère, pour se nourrir, que de l'herbe rare et
dure qu'il pâture dans les *touyas* annexés à
chaque métairie. Pendant l'hiver seulement,
on donne aux animaux qui travaillent un peu
de foin, aux autres, de la paille de blé ou de
maïs. — Dans un grand nombre de métairies,
de la *Chalosse* surtout, les bœufs sont nourris
à la main. Plusieurs guichets sont pratiqués
dans le mur de la pièce de la maison qui
donne sur la cour entourée d'abris et de bar-
rières où le bétail vit toujours en liberté ; c'est
par ces guichets que toutes les personnes de
la maison, à tour de rôle, présentent, bouchée par bouchée, la nourriture aux animaux,
et Dieu sait l'industrieuse économie qui préside à la formation de chaque bouchée, qu'on
introduit avec soin jusqu'au fond du gosier
de l'animal qui ne peut ainsi la rejeter : on
le tente par la vue d'une feuille de maïs encore verte, de quelque brin d'un foin appétis-
sant ou d'un morceau de navet ; mais ces apparences sont trompeuses, et la pauvre bête
n'avale qu'une paille bien sèche qui fût restée
intacte dans son râtelier, ou lui eût servi de

litière sans la supercherie de ses gardiens.

Cette méthode de soigner le bétail prend un temps énorme et absorbe presque les nuits des pauvres laboureurs, dont le jour tout entier est réclamé par les travaux des champs; mais il est merveilleux de voir avec combien peu de fourrages, de la plus médiocre qualité, on entretient, dans un excellent état, des bœufs qui, cependant, exécutent les labours les plus pénibles et les plus répétés.

Les vaches, beaucoup moins fortes que les bœufs, ne résistent pas moins bien qu'eux à la fatigue ; et on les soumet à un dur travail, pendant même qu'elles nourrissent leurs veaux, sans leur donner aucun supplément de nourriture, et sans que cela paraisse en rien les faire souffrir.

La légèreté de ce bétail est extraordinaire ; il marche parfaitement au trot sans s'essouffler, et j'ai vu des bœufs qui n'étaient nullement habitués aux charrois, faire, sans aucune fatigue, pour le transport de la chaux, dont on use beaucoup pour l'amendement des terres, jusqu'à 75 ou 80 kilomètres dans une nuit et un jour. On ne choisit même pas les attelages pour ces transports : dix ou douze charrettes partent quelquefois du même endroit pour Roquefort, elles en reviennent chargées, et jamais aucun bœuf ne reste en route.

Ceux qui ont pris leur part, dans le département des Landes, d'un plaisir qui y est populaire avant tous, des courses, ont pu juger de l'agilité merveilleuse de la charmante race bovine de ces contrées. Les taureaux figurent rarement dans ces jeux, bien qu'ils portent le nom de courses de taureaux. Il est plus ordinaire d'y voir des bœufs ou des vaches aux prises avec les *écarteurs*, et faire avec eux assaut de légèreté et d'adresse.

Ce ne sont plus ces terribles et émouvantes courses espagnoles, ce luxe de mise en scène, ces combats à outrance, le sang qui ruisselle et la mort inévitable du taureau le plus brave; mais c'est la même ardeur, la même passion de la foule, la même agilité, la même audace de la part des acteurs, une curieuse connaissance des mœurs de l'animal, auquel ils se présentent témérairement sans autre défense que la rapidité de leur *écart*. L'animal fond sur eux de toute son impétuosité, il ne trouve plus rien devant lui, et il s'arrête, stupéfait, pour recommencer la même lutte d'adresse. Un bon écarteur est charmant à voir : c'est à peine si, la cigarette à la bouche, il fait un léger mouvement quand le taureau fond sur lui tête baissée ; les cornes rasent sa poitrine, mais il a suffisamment calculé la distance; quelquefois il attend l'animal de pied ferme, et quand celui-ci, furieux, baisse la tête pour le frapper, il lui pose un pied entre les cornes et le franchit avec sang-froid, aidé par la rapidité et la violence avec lesquelles le taureau relève la tête. Mais tous ne sont pas adroits, et maints épisodes de culottes déchirées et de novices rudement culbutés viennent égayer le spectacle et forcent les prudents directeurs de ces fêtes si populaires à tenir l'animal qui est en course par une longue corde qui prévient les accidents graves. C'est un homme expert qui d'ordinaire est chargé de ce soin, et il sait alors mesurer sa surveillance au degré d'habilité de l'écarteur : il a lui-même d'ailleurs souvent besoin d'éviter les attaques de l'animal en franchissant la barrière, et il lui faut un coup d'œil sûr.

C'est sur les bords des gaves de Pau et d'Oleron que les animaux de cette race commencent à prendre la taille et l'ampleur qui les font particulièrement rechercher dans la partie du département des Landes qui porte le nom de *Chalosse*. Les vaches d'*Urt* et les bœufs du *pays basque* sont là en grande réputation, et comme l'élevage y est fort restreint, ce sont de jeunes bœufs venus de ces contrées fort voisines qui sont presque exclusivement employés à la culture des terres. Le soin que l'on en prend et la nourriture à la

main les maintiennent dans un état excellent ;
on exige d'eux, d'ailleurs, un travail moins
rude que sur la rive droite de l'Adour, les exploitations y étant beaucoup moins étendues.

La race dont je parle peuple toute la
chaîne des Pyrénées françaises, depuis ses
premières assises jusqu'à ses pâturages les
plus élevés. Plus ou moins belle suivant les
soins dont elle est l'objet et la nourriture
qu'elle reçoit, elle est laitière à un haut degré
aux environs de *Lourdes*, essentiellement travailleuse dans le *pays basque* et les vallées
d'*Ossau*, d'*Argelès* et de *Bagnères de Bi-
gorre*. Dans tous ces grands et beaux villages,
situés aux pieds des Pyrénées, le nombre des
bestiaux est considérable ; les vaches partent
le matin sous la conduite d'un berger commun pour aller paître les immenses commu-
naux qui font la richesse de ces vallées, et
n'en reviennent qu'à l'entrée de la nuit. Il
est fort curieux de voir un troupeau de deux
ou trois cents vaches revenir dans son village et diminuer peu à peu en le traversant :
chacune reconnaît l'habitation de son maître
et s'y arrête sans aucun avertissement du
berger, qui, arrivé à la dernière maison, se
trouve ainsi déchargé de tout soin et seul avec
le gros chien de montagne qui lui tient compagnie, et qui est trop grave pour se mêler en

rien de la conduite des vaches : sa seule mission est de les défendre des attaques des ours.

CHAPITRE III.

Races bovines anglaises.

L'Angleterre possède un grand nombre de races qui tirent leur nom, soit des comtés dont elles sont originaires, soit des apparences que présente leur encornure, apparences qui impliquent de profondes différences dans toute l'économie des animaux, et qui dérivent de l'analogie qui existe entre les systèmes cuticulaires et cornés dans l'espèce bovine.

Il n'entre pas dans mon plan de fouiller tous les districts de l'Angleterre pour passer en revue les races et sous-races qu'ils renferment : ce serait un travail considérable et inutile; il me suffira d'indiquer les races les plus connues, et de parler ensuite avec détail des quatre ou cinq races qui commencent à être importées en France, dont on entreprend le croisement avec nos races indigènes, et qu'il importe par cela même de pouvoir parfaitement apprécier.

Les principales races anglaises sont :

La *race à longues cornes*, qui comprend toutes les races de l'Irlande et de l'ouest de l'Angleterre, du Lancashire principalement, fort variées de taille et de pelage, toutes fort rustiques, et présentant cette particularité que leurs cornes sont dirigées en bas. Les *longues cornes* ont été perfectionnées par l'illustre Bakewell; à ce titre elles ont une grande réputation, et bien que cette réputation commence à décroître, il me paraît utile d'en parler en détail, ce que je ferai plus loin.

La *race à moyennes cornes*, qui comprend un grand nombre de races du sud et du sud-ouest de l'Angleterre : de Devonshire, de Dorsetshire, de Hampshire, de Pembroke, de Sussex, de Glamorgan, jusqu'à celles du comté de Héreford, plus au nord. Dans ce nombre, celles de Héreford et de Devon sont célèbres et ont été importées en France ; j'en parlerai avec détail.

La *race à courtes cornes*, à peau fine et douce, habite surtout les provinces de l'est de l'Angleterre, le Lincoln et le Yorkshire, par exemple. Cette race est, dit-on, originaire de Hollande, et il paraît certain qu'au moins à diverses époques la belle race hollandaise a été importée en Angleterre, principalement dans le Yorkshire, et que les vaches du district de Holderness, qui passent pour les meilleures laitières d'Angleterre, ont conservé tout à fait les caractères des vaches de Hollande et du Holstein : elles y sont du reste désignées sous le nom de *vaches hollandaises*.

Les perfectionnements merveilleux qu'a reçus la *race à courtes cornes* depuis un petit nombre d'années ont répandu au loin sa réputation, sous le nom de *race de Durham*. Il y a lieu d'en parler un peu longuement, ce que je ferai.

La *race sans cornes* comprend les races : *d'Angus* (fig. 5), originaire du comté de Forfar et de Kincardine; de Galloway, de couleur

(Fig. 5.)

noire, grande et forte, très-estimée comme race de boucherie sur le marché de Smithfield; de Suffolk, de couleur brune, bonne laitière, mais mal conformée; du Sommerset, dite *race à ceinture*, qui n'a de remarquable que l'étrange symétrie de son pelage.

La *race de West-Highland*, ou de Kiloé, habite les montagnes d'Écosse, et est remarquable par sa rusticité; elle a été importée en France, et j'en parlerai avec détail.

La *race de Fifeshire* ou des plaines d'Écosse,
qui a des variétés sans cornes, est de couleur noire, grande et forte, rustique et bonne
pour la boucherie. Cette race est peu homogène et a subi toutes sortes de croisements;
elle ne semble pas mériter de former une race
à part.

La *race laitière d'Alderney* est originaire
de France, de Normandie probablement, puisqu'elle couvre les îles d'Alderney, de Jersey,
de Guernesey et Cers, qui sont en vue des
côtes de France.

La *race laitière d'Ayr*, est remarquable par
sa sobriété et l'abondance de son lait; elle a
été importée en France, et j'en parlerai plus
bas.

Enfin, il faut mentionner aussi la *race
sauvage blanche des forêts d'Angleterre*, race
à peu près perdue, qui n'habite plus que les
parcs, comme objet de curiosité, mais qui
présente des caractères remarquables. Elle
est d'un blanc terne, avec le mufle, l'intérieur des oreilles, le tour des yeux, la langue
et les sabots noirs. Les animaux de cette race
ont conservé un caractère sauvage; les taureaux sont dangereux par leur méchanceté,
et les vaches cachent leurs petits dans les
hautes herbes, où elles vont les allaiter plusieurs fois par jour. Il existe un certain nom-

bre d'animaux de cette race dans le comté de Galles; mais les troupeaux où elle a été conservée dans sa plus grande pureté sont celui du duc d'Hamilton dans sa forêt de *Chace of Cadzow*, et celui du comte de Tancarville dans son parc de *Chillingham*.

Telles sont les principales races auxquelles on peut rattacher presque toutes les sous-races qui couvrent le sol de l'Angleterre, et dont la connaissance suffit pour apprécier une des branches de la richesse agricole de ce pays.

§ 1. — *Race à longues cornes.* (Fig. 8.)

(Fig. 8.)

La race à longues cornes n'a pas, à ma connaissance, été importée en France; elle n'est plus déjà aussi estimée en Angleterre qu'elle l'a été; mais le renom que lui donnèrent pendant quelque temps les perfectionnements de Bakewell, ne permet pas de la passer sous silence quand on parle avec quelque détail des races anglaises.

Cette race rustique, habituée à vivre sans abri, a tous les caractères des races grossières : elle est tardive dans son développement; ses cornes sont longues et dirigées en bas; sa peau est rude et épaisse; ses poils, longs et durs. Le cou est d'une grosseur remarquable, et dans aucune autre race les quartiers de devant ne sont proportionnellement plus larges, et ceux de derrière plus minces; défaut énorme pour les animaux de boucherie, car la viande des quartiers de derrière est de qualité supérieure et d'un prix plus élevé.

Bien qu'elle soit répandue dans un grand nombre de comtés de l'Angleterre et fort perfectionnée dans le Leicester, M. Culley dit que le Lancashire a le droit depuis longtemps d'être appelé le pays mère des longues cornes, et que ce comté a conservé cette race dans toute sa pureté primitive. M. Donaldson, sans infirmer cette assertion, croit que cette race est originaire de l'Irlande, d'où elle a été importée dans le Lancashire qui en est fort voisin.

On ne comprend guère comment un homme aussi habile que Bakewell crut devoir choisir cette race pour faire ses expériences d'amélioration. Il l'a certainement perfectionnée à un degré merveilleux en créant la race *Dish-ley* ou de *New-Leicester*; mais que n'eût-il pas fait s'il eût pris pour point de départ de ses améliorations une race moins grossière ?

Robert Bakewell naquit à Dishley en 1725 ; c'est en 1755 qu'il commença ses travaux et ses expériences sur toute sorte de bétail.

Il choisit, pour la race bovine, des animaux de la race à longues cornes, estimée en Angleterre, et déjà alors améliorée, car deux éleveurs habiles, sir Thomas Gresley et M. Webster, de Canley, près Coventry, entretenaient, depuis longues années leur vacherie avec un soin et une habileté remarquables.

Sir Thomas Gresley avait, selon M. Lawrence, choisi les belles vaches qui fondèrent son troupeau dans le Lancashire et le Westmoreland, et il les céda quelques années plus tard à M. Webster, qui les transporta dans le Warwickshire.

Bakewell acheta les premières vaches de M. Webster et de sir William Gordon, de Garrington, qui lui vendit la mère du fameux taureau *Two-penny*, laquelle provenait du Westmoreland. Les principes qui dirigèrent cet illustre éleveur sont restés un secret : il prenait de grandes précautions de son vivant pour cacher ses croisements, et n'eut jamais, dit-on, qu'un seul confident, vieux pâtre, qui est resté aussi discret que son maître.

On présume, cependant, que Bakewell croisa constamment les animaux les plus précieux entre eux, quel que fût leur degré de parenté. Son but était de faire de la viande et de diminuer les proportions des issues; il amoindrit ainsi, d'une façon merveilleuse, la grosseur des os des extrémités, celle de la tête et du cou, et la masse des quartiers de devant au profit de ceux de derrière. La peau de cette race grossière s'assouplit, son poil devint plus doux, elle prit la graisse de bonne heure, et fut bientôt fort estimée de la boucherie; on lui reprocha seulement d'accumuler sa graisse sous la peau, sans la mélanger à la chair; de donner peu de suif et de conserver la couleur noire de la viande : particularités de la race primitive. En transformant la race à longues cornes, et en la rendant excellente pour la boucherie, Bakewell sacrifia ses qualités laitières et diminua sa fécondité : il en a été, du reste, ainsi des perfectionnements apportés à la race laitière courtes-cornes, et il ne semble guère possible de développer à un degré extraordinaire la propension à l'engraissement des animaux, sans altérer profondément leurs autres qualités. Il ne faut pas se dissimuler cette vérité,

11

et ce sera à chacun ensuite, suivant les pays
qu'il habite, à peser les inconvénients et les
avantages. Quand on est arrivé, par des croisements judicieux, à une variété que l'on regarde comme précieuse pour le but auquel on
la destine, il faut savoir s'arrêter à temps ;
car l'abus des principes qui ont pu produire
jusque-là de bons résultats peut faire décroître
le bien auquel on était arrivé.

Bakewell, ainsi que je l'ai dit, semble avoir
eu pour règle constante dans ses améliorations les croisements en dedans (*in-and-in*),
c'est-à-dire l'accouplement des animaux du
degré de parenté le plus rapproché, lorsqu'ils
présentaient des qualités qu'il cherchait à développer [1]. Appliqué par un homme de génie,
dans un but tout spécial, car Bakewell disait
souvent : « *Tout ce qui n'est pas viande est
inutile* » (et nos laboureurs du Midi, nos vachers de l'Auvergne n'en diraient pas autant),
un pareil système pouvait produire de grands
résultats ; mais, jeté dans le monde agronomique comme un principe absolu, il présentait de grands dangers, et Robert Bakewell le
comprit peut-être lui-même. On n'a pas ex-
pliqué encore pourquoi cet homme illustre

[1] On appelle aussi croisement en dedans (*in-and-in*)
l'accouplement des animaux d'une même race, mais de
familles différentes.

n'épargna aucune peine pour cacher ses procédés à tout le monde pendant sa vie, et n'a voulu laisser après lui aucun document qui pût en instruire ses admirateurs. Peut-être cette réserve, qui fut attribuée à la cupidité, n'a-t-elle sa cause que dans la crainte que les difficultés et les dangers de son système ne fissent échouer tout le monde là où il avait réussi.

Je ne veux pas parler de mon expérience personnelle en présence d'une si grande autorité que celle de Bakewell ; mais je dois dire cependant qu'elle se trouve en parfait accord avec celle de quelques agronomes illustres. Sir John Sinclair, dans son *Code of agriculture*, dit que le célèbre éleveur anglais Prinsep a trouvé que le décroissement de taille était inévitable par le croisement persévérant *in-and-in*, malgré tous ses efforts pour le prévenir.

Sir John Sebrigth a éprouvé qu'en multipliant les races toujours *en dedans*, elles dégénéraient constamment ; et ce système, essayé par un propriétaire anglais sur des porcs, finit par les amener à un tel état, que les femelles cessèrent presque entièrement de produire ; et lorsqu'elles engendrèrent, les petits furent si chétifs et si délicats, qu'ils moururent presque aussitôt qu'ils furent nés.

David Low, enfin, dit, en parlant de l'œuvre de Charles Colling : « Par la reproduction continuelle de sa propre souche, Colling paraît avoir poussé le raffinement de l'élevage à ses dernières limites, et c'est probablement à cela qu'il dut cet affaiblissement de constitution qui ne manque jamais d'accompagner une consanguinité continuelle et forcée entre un petit nombre d'individus. Soit pour cette cause ou seulement pour varier les expériences, toujours est-il certain qu'il essaya divers croisements avec des vaches de races différentes, et notamment avec les Highlands d'Écosse et les Galloway. Et le croisement galloway a produit quelques-uns des animaux les plus illustres de la race. »

Quoi qu'il en soit, Robert Bakewell s'est fait un nom illustre; et si sa race bovine de New-Leicester s'est vue bientôt surpassée par celle de Durham, le mérite des Colling ne fut certainement pas égal au sien. Il eut l'incomparable mérite d'être le premier à entrer dans la carrière, et il eût suffi, d'ailleurs, à sa gloire de créer sa belle race ovine de Dishley.

Si la race à longues cornes a dû céder le premier rang à la race de Durham, elle ne l'en a pas moins occupé pendant longtemps, et le retentissement de ses succès fut immense. Tout le monde voulut imiter Bakewell, qui trouva même de son vivant des concurrents. Un

M. Fowler acheta à M. Webster, de Canley, deux vaches de la même souche que celle de Bakewell, puis il loua le taureau *Two-Penny* de Bakewell, dont la saillie était de cinq guinées, et fonda ainsi une souche précieuse. C'est Bakewell qui a mis en usage la location des taureaux et des béliers, qui procurent ainsi un excellent et sûr bénéfice; il louait des taureaux de 5 à 30 guinées pour la saison, suivant leur mérite.

M. Fowler établit sa vacherie dans le Oxfordshire. Il obtint d'abord de ses deux vaches de Canley et du taureau *Two-Penny*, deux vaches qu'il nomma *Long-horned-Beauty* et *Old-Nell*. Plus tard, en 1778, il loua un autre taureau de Bakewell, *D.*, qui fut le père du fameux *Shakespeare*, le phénix de la race à longues cornes, qui donna à la souche de M. Fowler une grande réputation; car, lors de la vente qu'il fit de son troupeau, en 1791, tous les animaux furent vendus à des prix fort élevés. Voici le prix d'adjudication de quelques-uns d'entre eux :

Garrick, taureau, 5 ans, par *Shakespeare*; sa mère, *Broken-horn-Beauty*; sa grand'mère, *Long-horn-Beauty*................ 5,375 fr.
Sultan, taureau, 2 ans, par *Broken-Horn-Beauty*.............................. 5,500
Washington, par *Shakespeare*.......... 5,375

Y. Sultan, 1 an, par *Garrick*............ 5,250 fr.

Brindled-Beauty, vache, par *Shakespeare*
et *Long-horn-Beauty*................... 6,825

Vache, par *Shakespeare* et *Broken-horn-Beauty*........................... 3,020

Vache, par un fils de *D.*, frère de *Shakespeare*........................... 4,856

Quelques éleveurs soigneux continuèrent l'œuvre de M. Bakewell et celle de M. Fowler : ils élevaient des taureaux qu'ils louaient et qui eurent une grande influence sur l'amélioration de la race à longues cornes. L'enthousiasme dont on s'était pris pour elle ne fut pas cependant de longue durée, la race des Colling l'éclipsa bientôt par son mérite véritablement supérieur.

§ 2. — *Race de Héreford.* (Fig. 9.)

(Fig. 9.)

La belle race de Héreford, qui appartient à la catégorie des *moyennes cornes*, est de création récente, et remonte seulement à la fin du dix-huitième siècle. La race primitive, acclimatée au pied des montagnes du pays de Galles, semble avoir une origine commune avec la race de Devon; c'est du moins ce que fait supposer la couleur jaune de la peau, qui est une particularité commune aux deux races; elle en diffère cependant essentiellement par sa construction, son pelage, son économie tout entière, et il n'est pas à supposer que les perfectionnements modernes aient pris cette race dans un état qui la rapprochât beaucoup par la forme de la race de Devonshire. Si l'origine de ces deux races a été commune, ce qui n'est rien moins que prouvé par les auteurs anglais qui ont discuté cette question, l'influence des riches pâturages du comté de Héreford aura eu une action puissante pour développer les formes des animaux qu'ils nourrissaient et les faire arriver à être considérés sur les marchés de l'Angleterre comme ceux qui, avec le Durham, arrivent aux plus hauts poids.

Quoi qu'il en soit, outre la couleur de la peau, cette race, comme celle de Sussex, comme celle de Devon, et généralement toutes celles connues sous le nom de *moyennes cornes*, présentent cette particularité que les femelles sont beaucoup plus petites que les mâles.

La moderne race de Héreford est peut-être inférieure en précocité et en perfection à la race *courtes cornes*, ce que quelques auteurs anglais contestent; mais elle est de beaucoup supérieure à la race à *longues cornes*, et certainement la plus précieuse d'Angleterre après celle de Durham.

Ses bœufs sont grands, bien faits, faciles à engraisser avec une nourriture peu choisie; ils sont excellents travailleurs, et leur viande est plus serrée, plus savoureuse, beaucoup plus estimée que celle des bœufs de Durham.

Voici le résumé de la description qu'a faite de cette race un auteur anglais, M. Marshall, il y a plus de quarante ans; description qui fut regardée comme très-exacte, et qui me semble, en effet, se rapporter fort bien aux animaux que j'ai observés : «La race de Héreford a des caractères distinctifs invariables : la face blanche, les couleurs pâles et manquant de brillant, le corps puissant, la carcasse profonde; son aspect est agréable, gai, ouvert; son front large; ses yeux pleins et vifs; ses cornes sont brillantes, effilées et étendues; sa tête est petite, sa mâchoire maigre, le cou long et effilé; la poitrine profonde; le poitrail large et avancé; l'épaule mince, plate, sans saillie, mais bien fournie de chair; le coffre ample; les reins larges; les

hanches puissantes et sur le même niveau que
l'épine dorsale; les quartiers longs et larges;
la croupe à la hauteur du dos; la queue mince
et peu garnie de poils; la cuisse délicate et
s'amincissant régulièrement; les jambes droites et courtes; l'os au-dessous du genou et du
jarret, petit; la chair unie, douce et cédant au
toucher, principalement sur l'échine, l'épaule
et les côtes; la peau fine, souple, d'une épaisseur moyenne; le poil délicat, brillant et
soyeux, de couleur rouge moyen avec la face
blanche, ce qui est le caractère distinctif de
la pure race du Hérefordshire. »

Ce fut presque au même moment que les
Colling perfectionnèrent la race à courtes
cornes, que la race de Héreford subit la transformation qui l'a élevée à une si haute réputation. Vers l'année 1769 *Benjamin Tomkins*,
marchant sur les traces de Bakewell et s'en-
veloppant du même mystère, commença ses
excellents croisements. Tout ce que l'on sait,
c'est que *Tomkins* était au service d'un particulier dont il dirigeait la laiterie et dont il
épousa, plus tard, la fille. *Tomkins* avait remarqué la singulière tendance à l'engraissement de deux vaches venant du pays de
Galles, il les acheta lorsqu'il se maria. L'une,
qui avait beaucoup de blanc, reçut le nom de
Pigeon; l'autre, de couleur rouge, avec la

11.

tête moucheté de blanc, celui de *Mottle*. Ce furent les souches de cette innombrable descendance des Héreford modernes; car *Tomkins* paraît avoir fait d'autres essais, mais s'être renfermé plus tard strictement dans l'élevage de la descendance de *Pigeon* et de *Mottle*.

Tomkins vécut fort modeste, fort discret, fort retiré, ayant l'air d'éviter plutôt que de rechercher les occasions de montrer son bétail, ce qui fit que sa réputation s'étendit fort lentement. Mais la solidité de ses résultats était incontestable, et les éminentes qualités de la race du comté de Héreford se firent peu à peu connaître au loin, et sont maintenant hautement appréciées dans toute l'Angleterre et au dehors, pendant que la race de *Bakewell*, qui fit tant de bruit pendant la vie de cet homme illustre, perd chaque jour de sa renommée.

Les premières importations qui aient eu lieu en France, de la race de Héreford, ont été faites en Nivernais, par des fermiers anglais de M. Brière d'Azy, en 1825 et 1827. Ces animaux passèrent dans le pays pour être de la race de Durham, et M. O. Delafond, dans son *Histoire de l'amélioration du gros bétail dans la Nièvre*, tombe lui-même dans cette erreur. Précédemment, en 1823, M. Brière d'Azy avait en effet importé un troupeau de vaches de Durham et un magnifique taureau gris qui avait produit à merveille. On confondit les Héreford à leur arrivée avec les Durham ; on les trouva seulement moins beaux et moins fins. Les Durham étaient parfaitement aptes à être croisés avec la race du Charollais, et ces croisements ont produit d'excellents résultats ; mais il ne paraît pas qu'il en ait été de même de ceux qui ont eu lieu avec les taureaux de Héreford. La pureté de la belle race charollaise ne saurait être abandonnée qu'avec de grands ménagements et une intelligence qui n'a peut-être pas présidé à tous les croisements qui ont été faits entre les vaches de cette race précieuse et des taureaux de Héreford, que rien n'indique comme ayant été de premier mérite.

§ 3. — *Race de Devon.* (Fig. 10.)

La race de *Devon* ou de *North-Devon* est une des races les plus caractérisées de l'Angleterre et une de ses races primitives. Aucune n'a plus de cachet et de sang.—Sa couleur acajou foncé, sans aucun mélange de blanc dans les animaux de race pure, sa petite tête maigre, semblable à celle d'un chevreuil, ses yeux saillants et expressifs, ses cornes longues, minces à la base, remarqua-

quablement effilées et légères , la vivacité de
sa démarche , sont des signes qui distinguent

(Fig. 10.)

au premier coup d'œil cette race de toutes les
autres.

Sa renommée est ancienne , et peut-être
était-elle plus appréciée à la fin du siècle dernier qu'elle ne l'est aujourd'hui ; cela tient
sans doute à ce que cette race , classée par sa
finesse parmi celles qui exigent de bons pâturages , n'arrive jamais cependant à un poids
considérable , et n'a pas une propension aussi
déterminée à l'engraissement précoce que
d'autres races, celle de Durham par exemple,
et même celle de Héreford.

La race de Devon est infiniment remarquable, cependant : dans les pays où les pâturages
sont maigres , elle a une infériorité marquée

sur des races rustiques qui exigent moins de nourriture qu'elle, et peuvent ainsi acquérir un degré d'engraissement fort supérieur ; et dans les pays où la nourriture est abondante, au contraire, il sera peut-être préférable d'entretenir une race dont les animaux, avec les mêmes dépenses, atteindront un poids beaucoup plus considérable.

Il y a près de cinquante ans que M. Lawrence écrivait déjà en parlant des bœufs de Devon : « Ces bestiaux ont généralement, depuis cent ans, ou plutôt il y a cent ans, obtenu les plus hauts prix à Smithfield ; mais depuis quelques années les acheteurs ont observé malignement que, quoique le *sang* et de belles formes plaisent au gentilhomme éleveur, cependant le poids et la qualité devraient être au marché la principale considération. » Quoi qu'il en soit, les bœufs de cette race sont peut-être les plus estimés et les plus généralement répandus en Angleterre.

Pour le travail, la race de Devon n'a de rivales que dans nos races du Morvan et de l'Auvergne. Assez enlevée de terre (ce qu'on lui reproche comme race de boucherie), sa douceur unie à son énergie et à sa légèreté la rend apte, à un degré éminent, à tous les travaux de la terre. La profondeur moyenne de sa poitrine, la bonne direction de l'épaule et de ses membres, le sang qui s'y montre et y communique son énergie, malgré la petitesse des os, sa puissance musculaire enfin, lui permettent parfaitement de trotter dans le harnais sans s'essouffler, et il est reconnu dans tout le comté de Devon, dans le district surtout où cette race est conservée dans sa pureté, c'est-à-dire depuis *Barnstaple* jusqu'à *Tiverton*, que les bœufs font tous les travaux des champs aussi rapidement que les chevaux; et c'est au trot que les conducteurs les mènent au travail. Le pays est accidenté; on les attelle ordinairement par quatre, avec le joug; et *lord Somerville*, qui a étudié avec soin les services qu'a rendus cette race, et qui l'a décrite il y a un certain nombre d'années, assure que le joug est infiniment préférable au collier et aux harnais, et qu'ils tirent ainsi des poids plus considérables, surtout dans un pays montagneux.

Par sa construction et son pelage, le bœuf de Devon ressemble assez au bœuf de Salers. Il y a en faveur du bœuf de Salers une grande supériorité de taille et de poids; en faveur du bœuf de Devon, une perfection de formes, une distinction dans la tête et dans les membres qu'aucune autre race ne possède à ce degré.

Les bœufs de Devon sont hauts sur jambes,

un peu plats; leurs cuisses sont peu charnues, leur queue est placée très-haut, mais les hanches sont larges et musculaires, leurs membres fins et nerveux ont un aplomb parfait; leur peau est fine et souple, de couleur jaune; leur poil, d'un rouge brillant, quelquefois ondé, est doux et soyeux; et s'ils ne laissent rien à désirer comme animaux de travail, dans les terrains légers, ils présentent aussi de grandes qualités comme animaux de boucherie. Leur engraissement cependant n'est pas très-précoce, et ce n'est ordinairement qu'après deux ou trois ans de travail qu'on les prépare à la boucherie. Excellents marcheurs, ils se transportent sur les principaux marchés de l'Angleterre sans perdre de leur poids; leur viande est très-estimée, très-savoureuse, très-serrée, mélangée d'une graisse jaune et fine d'un goût parfait.

Les vaches fournissent un lait butyreux, mais très-peu abondant. Elles sont petites en comparaison des bœufs qu'elles donnent, et on en peut même dire autant des taureaux, qui n'atteignent jamais la taille et le poids des bœufs.

Lord Somerville disait, il y a quelques années, que les taureaux étaient en général moins beaux dans cette race que dans aucune autre; mais dans ces derniers temps la race

de Devon a été fort soignée, fort améliorée,
et les animaux de cette race qui ont été importés en France sont vraiment séduisants
et fort remarquables, sous tous les rapports.
Je dois citer surtout un taureau qui était au
Pin, et qui a été transporté depuis deux ans à
l'Institut agronomique de Versailles, *Prince of
Wales*. C'est certainement l'animal le plus accompli qu'il soit possible de voir.

Prince of Wales avait remporté le premier
prix des animaux de Devon, au concours de
la Société royale d'agriculture d'Angleterre,
à Southampton; il est né chez M. Turner, il
a été importé en 1845; et, bien qu'âgé de
neuf ans maintenant, il est aussi énergique
et aussi prolifique qu'aucun autre taureau.

§ 4. — *Race de Durham.* (Fig. 11.)

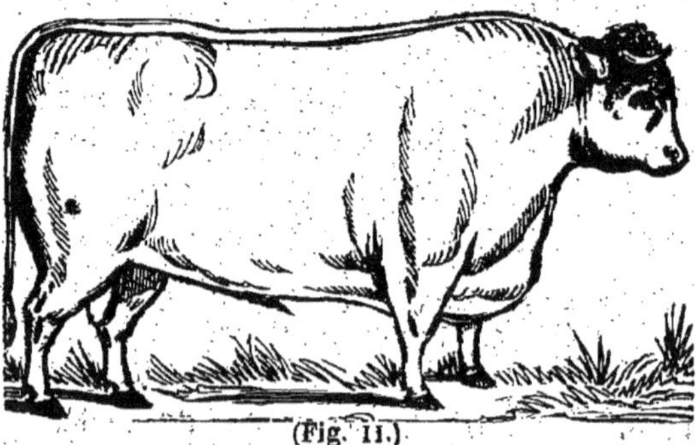

(Fig. 11.)

De toutes les races bovines anglaises, la

plus importante, la plus renommée est, sans contredit, la race *courtes cornes* améliorée, dite *race de Durham*.

La race de Durham a été, depuis plusieurs années, importée en France, reproduite dans sa pureté, employée à des croisements de toutes sortes; elle est connue partout; elle est le sujet de contestations animées; elle est, selon moi, souvent mal employée, et souvent aussi elle peut faire beaucoup de bien. Je crois donc utile d'en parler un peu longuement et de discuter son mérite, soit comme race pure, soit comme race de croisement.

La race à *courtes cornes* a, dit-on, pour première origine une importation de vaches hollandaises et du Holstein, qui développèrent à un degré éminent les qualités laitières de la race bovine des bords de l'Humber et de la Tees et des plaines du Yorkshire. Elle fut nommée race de Durham, ou race de Tees-water (la rivière de la Tees sépare le comté de York de celui de Durham), et sous ce nom elle fut recherchée en Angleterre et l'objet des soins des éleveurs intelligents du pays. On cite, entre autres, M. Milbank de Birmingham et M. Dobinson.

Cette race était donc déjà renommée depuis longtemps par sa taille, sa pesanteur et ses qualités laitières, lorsque, en 1770, deux

frères, Robert et Charles Colling, entreprirent
de l'améliorer encore davantage. Les frères
Colling firent subir à la race de Durham une
véritable révolution, et leur nom, attaché à
cette œuvre, est répété avec honneur dans
toute l'Angleterre.

Le but de ces éleveurs intelligents fut d'a-
mener, par des croisements successifs, avec
une patience et un esprit d'observation fort
remarquables, la race indigène à la diminution de volume des os, l'augmentation de celui de la viande, la précocité du développe-
pement, et la disposition à l'engraissement.
Ils réussirent d'une façon merveilleuse, en di-
minuant cependant un peu la taille de la race
et ses qualités laitières. La vacherie de Colling acquit bientôt une réputation qui fut la
source d'une grande fortune. Un bœuf de
leur race, connu sous le nom de *Durham ox*,
et qui voyagea pendant six ans en Angleterre,
montré comme objet de curiosité, ne contri-
bua pas peu à cette réputation.

Durham ox, âgé de cinq ans, fut vendu par
Charles Colling, en 1801, à *M. Bulmer*, de
Harmby, moyennant 3,500 fr. Il était de taille
ordinaire, mais très-gras, et pesait en vie
1,370 kilog.; son poids mort était estimé à
1,066 kilog. Quelques jours après l'avoir
acheté, *M. Bulmer* vendit *Durham ox* et la

charrette qui le portait à M. *John Day*, moyennant 6,250 fr.; c'était le 14 mai 1801. Le même jour, M. Day pouvait le revendre 13,125 fr. Le 13 juin, il en trouva 25,000 fr., et le 8 juillet on lui offrait 50,000 fr.

En 1807, *Durham ox* se démit une hanche; on l'abattit après deux mois de souffrances, et malgré le dépérissement qui avait dû s'ensuivre, il pesait encore 1,186 kilogrammes 870 grammes, poids mort.

On cite encore une vache de cette race qui n'était pas moins étonnante que *Durham ox* : l'épaisseur de sa graisse était estimée à 30 centimètres, depuis les hanches jusqu'à la queue, à 25 centimètres sur les reins, et à 22 centimètres sur les épaules.

La qualité qui fut le plus appréciée dans la race des Colling, ce fut sa précocité pour l'engraissement. — On n'avait jamais vu jusqu'alors une espèce de bétail qui s'engraissât aussi jeune et qui atteignît un si haut poids avec une alimentation aussi peu coûteuse. De jeunes bœufs, de l'âge de deux à trois ans, pesaient, en poids mort, de 684 kilogrammes à 777 kilogrammes; aussi la vente des animaux de la vacherie de *Charles Colling*, qui commença à les répandre dans toutes les parties de l'Angleterre, et qui fut suivie, quelques années après, de la vente de ceux de

Robert Colling, montre-t-elle l'enthousiasme dont on se prit pour cette race.

Voici un tableau de la vente de *Charles Colling* :

TAUREAUX.

Noms.	Nom de la mère.	Nom du père.	Âge	Prix de vente.
Comet.	Phœnix.	Favourite.	6	26,250 »
Yarborough.	Fille de Favourite	Cupid.	9	1,443 75
Major.	Lady.	Comet.	3	8,280 »
Mayduke.	Cherry.	Comet.	3	3,806 25
Petrarch.	Old-Venus.	Comet.	2	9,381 25
Northumberland.	. . . . . .	Comet.	2	2,100 »
Alfred.	Venus.	Comet.	1	2,887 50
Duke.	Duchess.	Comet.	1	2,756 25
Alexander.	Cors.	Comet.	1	1,653 75
Ossian.	Magdalene.	Windsor.	1	1,995 »
Harold.	Red-Rose.	Windsor.	1	1,312 50

VACHES.

Noms.	Nom de la mère.	Nom du père.	Âge	Prix de vente.
Cherry.	Old-Cherry.	Favourite.	11	2,178 75
Kate.	. . . . . .	Comet.	4	918 75
Peeress.	Cherry.	Favourite.	8	4,462 50
Countess.	Lady.	Cupid.	9	10,800 »
Celina.	Countess.	Favourite.	8	5,250 »
Johanna.	Johanna.	Favourite.	4	3,412 50
Lady.	Old-Phœnix.	Un petit-fils de lord Bolingbroke	14	5,407 50
Laura.	Lady.	Favourite.	4	5,512 50
Cathelene.	Une fille de la mère de Phœnix	Washington.	8	3,937 50
Lily.	Daisy.	Comet.	3	10,762 50
Cors.	Countess.	Favourite.	4	1,837 50
Daisy.	Old-Daisy.	Un petit-fils de Favourite.	6	3,675 »
Beauty.	Miss Washington	Marske.	4	3,150 »
Red-Rose.	Elisa.	Comet.	4	1,181 25
Flora.	. . . . . .	Comet.	3	1,877 50
Miss Peggy.	. . . . . .	Un fils de Favourite.	3	1,875 »
Magdalene.	Une génisse par Washington.	Comet.	3	4,462 50

VEAUX MALES AU-DESSOUS D'UN AN.

Noms.	Nom de la mère.	Nom du père.	Âge	Prix de vente.
Ketson.	Cherry.	Comet.	»	1,312 50
Young-Favourite	Countess.	Comet.	»	3,675 »
George.	Lady.	Comet.	»	3,412 50
Sir Dimple.	Daisy.	Comet.	»	2,362 50
Narcissus.	Flora.	Comet.	»	593 75
Albion.	Beauty.	Comet.	»	1,875 »
Cecil.	Peeress.	Comet.	»	1,462 50

GÉNISSES.

Phœbé.	Mère par Favourite.	Comet.	»	2,786 25
Young-Duchess,	Mère par Favourite.	Comet.	»	4,805 75
Young-Laura.	Laura.	Comet.	»	2,887 50
Young-Countess.	Countess.	Comet.	»	5,407 50
Lucy.	Par Washington.	Comet.	»	5,465 »
Charlotte.	Cathelene.	Comet.	»	5,570 »
Johanna.	Johanna.	Comet.	»	918 75

GÉNISSES AU-DESSOUS D'UN AN.

Lucilla.	Laura.	Comet.	»	2,782 50
Calista.	Cora.	Comet.	»	1,312 50
White-Rose.	Lily.	Yarborough.	»	1,968 75
Ruby.	Red-Rose.	Yarborough.	»	1,312 50
Cowslip.	. . . .	Comet.	»	686 25

Prix total des 47 bêtes, dont douze au-dessous d'un an : 177,896 fr. 25 c.

De 1810 à 1848, il a été fait en Angleterre quarante-huit ventes publiques d'animaux de la race Durham pure. Ces diverses ventes comprenaient 2,060 têtes, et ont produit 2,912,006 fr. 69 c.; ce qui donne un prix moyen de 1,413 fr. 59 c. par tête.

J'ai dit que je regardais comme incontestables les dispositions vraiment prodigieuses de la race Durham au développement précoce et à l'engraissement.

Des expériences nombreuses ont été faites pour comparer des animaux de cette race avec ceux de *Normandie*, de *Chollet*, du *Charollais*. L'avantage du bon marché et de la précocité de l'engraissement est resté d'une manière évidente aux premiers. La chair des animaux de Durham est peut-être moins faite, moins serrée, mais sa qualité est ordinairement satisfaisante, et le rendement en viande nette se trouve toujours supérieur à celui de nos races indigènes.

Les qualités laitières de la race Durham, amoindries certainement par la constante prédisposition des femelles à la graisse, sont bonnes encore, cependant, sans être de premier ordre. M. de Sainte-Marie cite des vaches de *M. Witaker*, dans le Yorkshire, donnant de 30 à 35 litres de lait par jour; c'est là une rare exception, et si on rapproche ces chiffres de ceux du tableau soigneusement fait pour les vaches importées, ou nées en France et appartenant aux établissements de l'État, on trouvera une immense différence. Une seule vache, *Empress*, a donné, *au Pin*, jusqu'à 20 litres, en 1839.—A Saint-Lô, deux vaches, *Jessy* et *Hécate*, donnaient aussi 20 litres en 1843 et 1844. — *Duchess* en donnait 25; à *Poussery*, *Diamond* a donné 17 litres après le sevrage. Au *Camp*, aucune vache ne dépassait 14 litres, en 1847 et 1848; mais ce sont là des *maxima*, et la moyenne ne va pas à plus de 9 à 11 litres : c'est encore un résultat satisfaisant pour des animaux réunissant tant d'autres qualités.

Mais ce que je nie absolument, c'est que la race de Durham soit bonne pour le travail.

Les partisans du sang de Durham affirment que l'aptitude au travail des diverses races françaises n'a été en aucune façon diminuée par le métissage. La question est trop importante, trop à l'ordre du jour, pour qu'elle ne mérite pas un examen attentif.

Quels sont les caractères principaux des animaux de la race de Durham dans toute sa pureté? Les voici, d'après M. Lefebvre Sainte-Marie lui-même, un des défenseurs de l'aptitude de cette race pour le travail :

« Leurs os, surtout ceux des extrémités, sont amincis; leur tête est large dans la région du frontal et s'amincit vers le mufle; le cou est raccourci, léger chez les femelles, épais chez les mâles; l'épaule droite, épaisse, s'unit avec le cou presque sans aucune saillie des os; la poitrine haute, profonde et large, descend parfois jusqu'aux genoux, se projette en avant, perpendiculairement au point d'attache du cou avec la tête, et produit entre les jambes un écartement tel que certains animaux ont peine à marcher. Le garrot *doublé* forme avec le dos et les reins une surface droite, horizontale, qui, développée sur ses côtés par la forte courbure des côtes et la dimension extraordinaire des hanches et du bassin, offre l'aspect d'une table en carré long. La masse du corps est profonde, près de terre; la chair descend jusqu'aux genoux et aux jarrets. A l'état d'embonpoint, toutes les saillies d'os sont re-couvertes de graisse, et le corps présente de nombreuses boursouflures sur le sternum, les épaules, le dos, les côtes, les hanches, la queue. »

Certes, voilà une description qui donne une excellente et fort juste idée de la masse énorme que présente un bœuf de Durham. Ces formes puissantes, le développement extraordinaire des principaux organes, le remplacement des parties osseuses par les parties charnues et graisseuses, font comprendre immédiatement quel avantage présentent les animaux de cette race pour la précocité de leur engraissement et le poids énorme auquel on peut aisément les faire parvenir ; mais il devient en même temps évident que ces mêmes animaux ne peuvent pas être nerveux et légers, qualités indispensables à des bœufs de travail, que leur propre poids ne doit pas fatiguer à l'excès, faire enfoncer dans les guérêts humides ou essouffler à l'ardeur d'un soleil du Midi.

Un métissage prudent peut bien ne pas faire perdre à la race sur laquelle on opère toute son aptitude pour le travail ; mais il suffit qu'il doive tendre à la diminuer dans des propor-tions quelconques, pour que l'on en doive re-douter l'emploi.

Dans les pays où la culture se fait exclusivement par la race bovine, augmenter encore la lenteur du travail si reprochée à l'emploi des bœufs, modifier peut-être la durée journalière de ce travail, c'est porter une atteinte profonde à tout un système économique qui peut avoir ses défauts, mais qui a aussi des conditions de sécurité qui doivent le défendre contre de dangereuses innovations.

D'un autre côté, exiger la précocité, la prédisposition à l'engraissement dans un bœuf rude et vigoureux au travail, c'est vouloir résoudre un problème que les praticiens déclareront insoluble. L'énergie et la force ne se trouvent jamais qu'exceptionnellement dans l'animal lourd et gras, très-tendre même seulement; et quelque penchant que nous ayons à choisir dans nos races du Midi les animaux les plus fins, à la peau la plus souple, les plus faciles à engraisser, nous le savons bien, nous devons toujours résister à cet entraînement, dans la crainte d'avoir de mauvais ou de médiocres travailleurs qui laissent nos ouvrages en arrière, nos récoltes en souffrance, nos bras inoccupés.

Malgré les éminentes qualités de la race de Durham, je n'hésiterai donc pas à conseiller de repousser les taureaux de cette race de tous les pays où l'on élève pour le travail. Bien au

contraire, j'en conseillerai l'emploi à tous les
pays qui élèvent pour la boucherie, et qui ont
un si évident avantage à ne pas garder inutilement dans leurs herbages des animaux plus
lents à grandir, à se former, plus coûteux
même à nourrir que ceux de la race de Durham.

Les Anglais, en créant la race de Durham,
n'ont certainement pas voulu faire une race
de travail, mais seulement une race de boucherie : sachons profiter de leurs exemples sans
compromettre les intérêts de notre agriculture par un amour irréfléchi du progrès.

§ 5. — *Race Ayrshire.* (Fig. 12.)

(Fig. 12.)

Ceux qui ont visité l'Institut agronomique
de Versailles y auront, sans aucun doute, remarqué dix ou douze petites vaches char-
mantes, d'un rouge clair, ou fauve mélangé
de blanc, de la taille de nos vaches bretonnes,

mais d'une harmonie et d'une élégance de formes que n'ont certainement pas celles-ci : ce sont des vaches de la race du comté d'Ayr, excellentes laitières, d'une vigueur et d'une sobriété qui font l'admiration du vacher suisse qui leur donne ses soins. Ces vaches sont renommées dans toute l'Angleterre ; douces et faciles à soigner, elles donnent une abondance de lait extraordinaire pour leur petite taille, et si elles étaient connues en France, elles y seraient certainement recherchées.

Ce n'est pas sans étonnement, lorsque j'ai voulu remonter à l'histoire de la race d'Ayr, que j'ai reconnu que leur noblesse était loin d'être ancienne. Aucun des auteurs anglais qui m'ont donné de si utiles renseignements sur les anciennes races anglaises, ne mentionne cette jolie race d'Ayr. C'est, au contraire, un accord parfait pour mal parler du comté d'Ayr, de l'imperfection de son agriculture, de sa stérilité même, de l'inintelligence et de la malpropreté de ses habitants, de la pauvreté de ses bestiaux, des mauvais soins qui leur sont donnés.

David Low seul, qui constate comme moi ce manque de tous renseignements écrits sur la race d'Ayr, donne quelques éclaircissements intéressants sur son origine et sa situation présente ; renseignements que je ne crois pouvoir mieux faire que de reproduire textuellement.

« L'ancienne race du pays semble avoir appartenu à ces grossières variétés de bœufs, avec des cornes d'une longueur moyenne, qui occupaient autrefois toutes les montagnes centrales au sud du Forth, et s'étendaient dans la plaine. M. Ayton, qui publia un *Traité sur l'agriculture laitière du comté d'Ayr*, en 1825, la décrit d'après ses propres observations, comme ayant été une race chétive et mal conformée, sans aucune supériorité sur celles qui existent encore avec elle dans quelques-uns des districts élevés. Les animaux étaient généralement, à ce qu'il nous apprend, de couleur noire, avec des marques blanches sur la face, le dos et les flancs; peu de vaches donnaient plus d'un et demi à deux gallons de lait par jour (9 à 10 litres) après le vêlage, et pesaient, lorsqu'elles étaient grasses, plus de 20 stones (127 kil.); mais, depuis cette époque, le sang des Ayrshire primitifs a été mélangé avec d'autres races. Il est établi, par des autorités compétentes, que, dès le milieu du dernier siècle, le comte de Marchmont introduisit, dans ses propriétés du Berweckshire, un taureau et plusieurs vaches de la race de Teeswater, alors connue sous le nom de race hollandaise ou du Holstein, et qui lui

avaient été fournis par l'évêque de Durham.
Divers autres propriétaires amenèrent aussi
dans leurs parcs des vaches étrangères, probablement de la même race. On ne peut pas
dire avec certitude quelle fut l'influence exer-
cée par ces importations accidentelles sur la
race primitive d'Ayrshire, et la tradition rapporte même à une importation antérieure de
vaches de race Alderney dans la paroisse de
Dunlop, les premières améliorations remarquables qui eurent lieu sur les vaches de ce
pays et leur produit en lait. Cette opinion est
encore justifiée par la ressemblance qui existe
entre la race Alderney et les Ayrshire modernes, et qui est telle que, même sans la
tradition, on serait tenté de croire que le sang
de ces deux races a été fortement mélangé.
On remarque en effet dans les deux races la
même espèce de cornes et la même couleur de
la peau ; enfin, la conformation générale offre
tant d'analogie, que souvent on peut confondre une vache de Jersey avec une Ayrshire.
Aussi, malgré l'absence de documents au-
thentiques à cet égard, on peut affirmer que
la race laitière d'Ayrshire doit les caractères
qui la distinguent de l'ancienne race à son
croisement avec les races du continent anglais
et avec la race laitière d'Alderney.

« Le moderne Ayrshire peut occuper la cin-

12.

quième ou sixième classe; sous le rapport de
la taille, parmi les races de la Grande-Bre-
tagne. Les cornes sont petites et courbées en
dedans à leur extrémité, comme celles des
Alderney. Les épaules sont légères et les reins
très-larges et profonds, conformation qu'on
rencontre le plus souvent chez les animaux
qui donnent beaucoup de lait. La peau est
modérément douce au toucher, et d'une couleur jaune orange que l'on aperçoit sur les
paupières et la mamelle. La couleur domi-
nante est un rouge brun, mélangé plus ou
moins de blanc. Le mufle est ordinairement
noir, mais souvent il est couleur de chair. Les
membres sont grêles, le cou petit et la tête
exempte de grossièreté. Les muscles de la
partie interne des cuisses sont minces, et la
hanche fréquemment très-rapprochée de la
queue, caractère qui existe également dans
les races Alderney, et qui, bien qu'il détruise
la symétrie de l'animal, n'est pas considéré
comme incompatible avec l'aptitude à la sécrétion abondante du lait. Les tétines sont de
moyenne grandeur et assez fermes. Les vaches sont très-douces, très-dociles, et assez
rustiques pour se contenter de la nourriture
la plus ordinaire; elles donnent une grande
quantité de lait, en proportion de leur taille et
des fourrages qu'elles consomment, et ce lait

est d'excellente qualité. Lorsqu'elles sont en bonne santé, sur de gras pâturages, elles peuvent donner de 800 à 900 gallons (3,600 à 4,000 litres) dans l'année, bien que, en tenant compte des plus jeunes et des moins productives, 600 gallons (2,750 litres) puissent être considérés comme un bon produit moyen pour l'ensemble d'un troupeau dans les contrées basses, et que l'on obtienne quelquefois moins pour une vacherie à lait dans les montagnes. »

Ainsi donc, cette charmante race aurait pour origine l'importation dans un pauvre comté d'Écosse, des vaches de races hollandaise et normande; car la race d'Alderney n'est autre chose que la race normande naturalisée dans les petites îles anglaises qui sont en vue des côtes de France. Il nous faut admirer une fois de plus la supériorité des Anglais sur nous, dans tout ce qui se rapporte à l'acclimatation, au croisement et au perfectionnement des races, quel que soit l'usage qu'ils aient en vue. Sachons au moins profiter des succès de nos ingénieux voisins.

§ 6. — *Race de West-Highland.* (Fig. 13.)

Lors de la discussion du budget de l'agriculture de 1850 à l'Assemblée législative, un

spirituel député, M. Howyn de Tranchère,
critiquant fort sévèrement l'Institut agronomique de Versailles, annonça, au grand amu-
sement de la Chambre, l'introduction à l'Institut de vaches qui avaient pour tout mérite
de né pas donner de lait et de dévorer leur
berger. C'était de deux troupeaux d'animaux

(Fig. 13.)

de la race West-Highland, l'un de couleur
brune, l'autre de couleur blonde, que voulait
parler l'honorable M. Howyn de Tranchère.
L'aspect sauvage de ces animaux, leur poil
épais, leur énorme crinière frisée qui retombe
jusque sur les yeux des taureaux, leur air me-
naçant et leurs longues cornes, l'avaient frappé,
et il n'est que trop certain que les vaches de
West-Highland sont de détestables laitières.

Mais ces animaux possèdent, en compensation, de remarquables qualités comme bêtes de boucherie, et elles devaient trouver place dans une collection des races les plus remarquables de l'Angleterre.

La race de West-Highland est la race des montagnes d'Écosse, race éminemment rustique, parfaitement adaptée aux conditions climatériques de ce pays, et offrant toutes les apparences d'une race ancienne et soignée, sans cesser pour cela d'être sobre et vigoureuse. Les animaux n'atteignent pas une haute taille ; mais leur rein est remarquablement droit et bien pris, leur corps parfaitement cylindrique et d'une profondeur frappante, comparativement à leurs jambes qui sont courtes, et dont les os sont fort minces. Les côtes sont parfaitement arquées, la poitrine est large et haute. Leur couleur est fort variée ; mais les principales nuances sont le brun foncé, le blond et le gris.

J'ai vu des vaches blanches qui rappellent parfaitement les caractères de l'ancienne race blanche des forêts. Plusieurs auteurs prêtent, du reste, à cette race, cette origine, et l'illustre professeur de l'université d'Édimbourg, David Low, est de ce nombre ; il regarde ces deux races comme parfaitement identiques, et ajoute : « La principale différence se remar-

que dans ses habitudes modifiées naturellement par l'état de liberté chez les uns, de
domesticité chez les autres; mais qui dispa-
raît aussitôt que les animaux sont placés dans
des circonstances semblables. Ainsi nous
avons dit déjà que la race sauvage supporte
la domesticité avec une extrême facilité;
quant à la race privée, si on l'abandonne à
l'état de liberté entière, elle prend exactement toutes les habitudes de la race sauvage,
l'instinct farouche, l'agilité, la précaution
des mères de cacher leurs petits, et ainsi de
suite. Dans quelques rares forêts de pins qui
subsistent encore au nord de l'Écosse, les
vaches abandonnées deviennent aussi sauva-
ges que les bêtes fauves, et on les chasse de
la même manière. Quelquefois même la couleur blanche de l'*urus* reparaît, et la presque
totalité des caractères de cette race se trouve
ainsi reproduite dans les troupeaux du nord
des Highlands. Il naît quelquefois des individus blancs parfaitement semblables à la race
sauvage, et qui présentent jusqu'aux marques des oreilles; dans les Hébrides exté-
rieures, la couleur du bétail est assez généralement d'un brun blanchâtre, analogue à
celle du bétail du parc de Hamilton; ce qui
est remarquable, en outre, c'est que les habitants de ces îles parlent toujours dans leurs

contes et leurs ballades d'un bétail des fées (Fayry-Cattle) qui était de couleur blanche. »

Le comté d'Argyle a été le premier qui, vers la moitié du dernier siècle, ait donné des soins d'une haute intelligence à la race indigène; c'est encore là qu'elle se retrouve dans sa plus grande perfection et sa plus grande taille. Un duc d'Argyle, dans sa résidence d'*Inverary* (ces noms glorieux sont bien connus des lecteurs de Walter-Scott), fut le premier à mettre la main à l'œuvre; puis de nombreux gentilshommes l'imitèrent; peu à peu l'amélioration s'étendit à tous les Highlands; mais la race n'en a pas moins pris le nom des Highlands de l'ouest, et c'était justice.

Les West-Highlands sont fort estimés de la boucherie, et d'un engraissement précoce, ainsi que l'indique leur conformation. Les vaches sont très-mauvaises laitières; c'est là leur principal défaut.

On a essayé des croisements avec d'autres races, ils ont peu réussi, et les animaux qui en résultaient n'égalaient ni la bonté du type améliorateur, ni la rusticité des West-Highlands. Je crois cependant qu'en ne poussant pas trop loin les croisements, l'emploi d'un taureau de Durham avec des vaches West-Highland doit donner d'excellents résultats.

CHAPITRE IV.

Races bovines suisses.

§ 1. — *Race fribourgeoise.* (Fig. 14.)

(Fig. 14.)

Contrairement à ce qui se passe dans les
parties les plus montagneuses de la Suisse, le
canton de Fribourg a vu depuis trente ans
s'augmenter dans de notables proportions le
nombre de ses bêtes bovines; et cependant
elles ne sont plus recherchées comme elles
l'étaient autrefois des éleveurs qui s'occupent
du perfectionnement de leurs races indigènes : à tort ou à raison, les races anglaises
les ont supplantées. Cette augmentation fort
notable a sa cause évidente dans les perfectionnements apportés à l'agriculture de ces
contrées, à un plus grand soin et une plus
grande habileté dans les irrigations, et à la

culture des fourrages artificiels et des racines qui sont venues compenser la disproportion qui existe encore, dans un grand nombre de cantons de la Suisse, entre les pâturages d'été et ceux qui doivent fournir la nourriture de l'hiver, entre l'estivage et l'hivernage.

Le canton de Fribourg est plat dans certaines parties, et parfaitement cultivé; dans d'autres, ses riches vallées et les croupes arrondies de ses montagnes présentent les plus beaux pâturages, et aucune contrée au monde n'est mieux partagée par la nature pour l'élevage du bétail.

Le seul canton de Fribourg, sans parler de ceux de Berne et autres que peuple la race dont je parle ici, comptait en 1839, 48,000 bêtes bovines; des statistiques de 1817 n'en portaient le nombre qu'à 35,000 : ce serait donc une augmentation de 13,000 têtes, ou plus de 35 pour 100 en trente-deux années.

La race de ses bestiaux y est d'une beauté remarquable, et comprend deux catégories fort distinctes : celle des animaux *pies*, blanc et noir, et celle des animaux *rouges*, de couleur baie, le plus souvent mélangée de blanc. Ils sont, les uns et les autres, de haute taille, d'un très-grand poids, d'une douceur de mœurs remarquable, et d'une intelligence que leurs gardiens savent développer par des soins affectueux et une douceur constante.

L'analogie entre ces deux races est fort grande ; mais celle à poil *rouge*, par son pelage, par sa plus grande finesse et son aptitude au travail, est celle qui peut intéresser le plus l'agriculture française : c'est elle que je connais le mieux, d'elle surtout que je veux parler.

La puissance et la régularité de ses formes sont admirables : le poitrail et les hanches sont larges ; les bras et les avant-bras bien musclés ; les extrémités fines ; les aplombs parfaits ; l'écartement des jambes dénote une grande largeur de hanches. On leur reproche d'avoir l'origine de la queue trop élevée, la peau rude et le cuir gros, et d'être grands mangeurs.

Les deux premiers défauts frappent en effet dans tous les animaux communs de cette race ; mais il est certains districts où la race a été soignée et améliorée, de manière à les faire disparaître presque complétement. Je donne ici le portrait d'un taureau que j'ai acheté dans la commune de Latour, district de Gruyères. Cet animal est d'une grande puissance de formes, a la peau la plus douce et la plus fine qui se puisse rencontrer. Il est vrai qu'il a remporté la première prime du canton en 1849.

Mais il n'en est pas moins certain qu'un soin très-grand est apporté dans plusieurs cantons à faire disparaître les défauts reprochés à l'ancienne race fribourgeoise, et que beaucoup d'éleveurs soigneux y réussissent. Le taureau dont je viens de parler a, en outre, une très-grande propension à la graisse ; depuis qu'il est à la vacherie de Fonreau, en Saintonge, malgré la fatigue d'une longue route, la médiocre qualité des fourrages, un changement complet d'habitudes et de nourriture, il se maintient dans un état excellent. Ceci répond au reproche que l'on fait aux animaux suisses d'être délicats pour leur nourriture et grands consommateurs.

Partant de ce principe bien certain, que les animaux doivent manger en proportion de leur poids, je crois pouvoir affirmer que les animaux suisses bien acclimatés ne mangent pas davantage que ceux de nos races françaises, et qu'ils ne sont pas plus délicats. J'ai fait venir de la Suisse un certain nombre de vaches à plusieurs reprises; j'en ai élevé et j'en élève encore de race pure et de race croisée avec les espèces garonnaise, limousine, auvergnate et gastinelle. Il résulte de mes observations que les vaches importées à un certain âge ont un peu souffert de la qualité médiocre de mes fourrages, sans cesser cependant d'être bonnes laitières et de donner de beaux veaux ; mais les génisses n'ont pas semblé s'apercevoir du changement de régime ; et quant aux bêtes nées et élevées chez moi, elles sont incontestablement supérieures à celles des races indigènes, par leur taille, leur poids, leurs belles formes et l'abondance de leur lait ; elles sont d'une santé robuste, se maintiennent en fort bon état avec une très-médiocre nourriture, et ne mangent pas davantage que les bêtes garonnaises, qui sont pourtant faciles à nourrir.

Les bœufs, de plus haut poids que ceux que l'on a ordinairement dans le pays, ne sont pas légers à la marche, mais d'une grande force, d'une grande douceur, et tiennent parfaitement à la fatigue : il n'y en a pas de meilleurs pour les labours. Moins fins que les bœufs limousins, ils le sont autant que les agenais, et ce degré de finesse qui, à mon avis, n'est pas suffisant, tend à s'augmenter d'une manière sensible. Ils sont faciles à nourrir, et j'ai obtenu des bœufs de croisement qui, menés à un certain embonpoint avec du foin et des betteraves, mais non à l'état de graisse (ce qui n'entre pas dans les habitudes du pays et la disposition de ma culture), ont atteint le poids vivant de 1,150 kilog., pesés à Bordeaux, après avoir fait une route de 88 kilomètres.

Voici la mesure d'un de ces bœufs :

	mèt.	cent.
Hauteur au garrot.	1	85
Longueur.	2	80
De la pointe de l'épaule à la fesse...	2	20
Tour de la poitrine................	2	63
Mesure Dombasle.	2	80

Aussi, dans un pays qui est bien loin d'aimer les nouveautés, et malgré quelques taches blanches ou des nuances brunes dans le pelage, défauts énormes pour un paysan saintongeois, et qu'à cause de cela je cherche à faire disparaître, mes animaux sont-ils estimés et admirés. Il n'est pas de concours où ils ne remportent des prix, et mes bœufs sont recherchés parce qu'ils sont connus pour être bons travailleurs, faciles à nourrir et de très-haut poids.

Voici des faits en contradiction certainement avec l'opinion d'hommes fort habiles et fort compétents. A quoi cela tient-il ? Est-ce à de l'engouement d'une part ou de l'injustice de l'autre ? ni à l'un ni à l'autre, mais seulement, je le crois, à l'irrésistible penchant qu'ont les habitants du Nord à juger la production des bestiaux, avant tout, au point de vue de la boucherie ; à ce qu'ils ne se rendent pas assez compte de la nécessité absolue d'a-

voir d'abord de bons animaux de travail dans
les pays où l'espèce bovine est seule chargée
de la culture des terres ; à ce qu'ils n'aper-
çoivent pas la perturbation profonde qu'ap-
porterait l'usage irréfléchi de reproducteurs
aux os minces et au tempérament lymphatique, quand il nous faut des travailleurs énergiques et puissamment membrés.

En Suisse, la laiterie, mais surtout la fabrication du fromage, est le but principal de
l'élevage des bestiaux : l'engraissement n'est
qu'une industrie accessoire, et n'a quelque importance que dans les environs de Gruyères,
de Bulle, de Château-d'OEx et dans les vallées
de la Saane et de Simmenthal. Pendant longtemps, c'est en Suisse, seulement, dans le canton de Fribourg surtout, que se fabriquait ce
fromage si connu sous le nom de Gruyères,
et ce monopole était pour ces contrées une
source de richesses ; mais peu à peu les pays
limitrophes, les Vosges et le Jura, et puis la
Bavière, le Wurtemberg et le grand-duché de
Bade, sont venus faire concurrence à la Suisse,
et le palais du plus habile gourmet ne saurait
distinguer maintenant le fromage français ou
allemand du fromage fabriqué à Gruyères.
Cette industrie n'en est pas moins restée la
principale ressource de la culture pastorale
des Alpes, et voici, suivant un rapport de

M. Moll sur la production des bestiaux en Suisse, son mode d'exploitation : « En mai, les bestiaux, réunis en troupes de 20 à 40 et plus, quittent l'étable et pâturent les prairies des vallées ; en juin, ils passent à la seconde station ou gîte, qui comprend les pâturages des hauteurs moyennes et des croupes ; enfin, en juillet, ils prennent possession des pâturages les plus élevés, qu'ils occupent d'ordinaire jusqu'à la fin d'août, pour redescendre en septembre à la seconde, et en octobre à la première station. Les montagnes qui présentent ces trois sortes d'herbages dans les proportions convenables ont une grande valeur et sont des montagnes ou alpes complètes (Zahme-Berge). Mais il arrive souvent que, dans la propriété d'un particulier ou d'une commune, il y a disproportion ; presque toujours ce sont les prairies des vallées qui ont trop peu d'étendue comparativement aux autres stations ; parfois aussi la station moyenne manque. On ne peut alors utiliser complétement les herbages de la station supérieure qu'en fauchant les parties les plus riches et les plus accessibles, ou l'on en afferme une portion, ou encore on loue ou achète des vaches pour les deux mois pendant lesquels ils peuvent être pâturés. Ces deux derniers modes sont fréquemment employés et sont en partie cause des nombreuses importations de vaches qui ont lieu de l'Allemagne en Suisse au printemps.

« Une fois à la montagne, les vaches restent d'ordinaire nuit et jour dehors, sous la conduite du vacher, et surtout d'une vache maîtresse, qui porte une clochette pour marque distinctive de son autorité. C'est cette vache qui, deux fois par jour, les ramène au chalet pour la traite, et qui les conduit au pâturage ou les guide vers les abris pendant le mauvais temps. La prospérité, souvent même le salut d'un troupeau, dépendent en partie du bon choix d'une vache maîtresse. Lorsque, pour une cause quelconque, le vacher donne la clochette à une autre vache, ce n'est pas sans de rudes combats que l'ancien chef renonce à son rang, et lorsqu'il est enfin obligé de céder le pouvoir, la plupart, m'a-t-on dit, maigrissent à vue d'œil, et quelques-unes même finiraient par périr si on ne se hâtait de les vendre. Quand deux troupeaux se rencontrent sur le même pâturage dans les montagnes communales, il en résulte des combats, soit entre les taureaux et vaches maîtresses des deux troupes, soit entre toutes les vaches; combats qui se terminent par la fuite de la troupe la plus faible ou, lorsqu'il y a égalité de forces, par une espèce de compromis que semblent faire les deux partis, car on remarque qu'à

partir de ce moment, chaque troupeau observe soigneusement de ne pas dépasser certaines limites.

« Lorsqu'une troupe est chassée de son pâturage par une autre, par un homme ou un
animal sauvage, elle se dirige rapidement
vers son chalet qu'elle entoure en mugissant.
Les vachers se hâtent alors de la renfermer
dans l'étable pendant quelques heures, sans
quoi elle se débande ; quelques vaches se joi-
gnent à d'autres troupes, d'autres retournent
à leur village ou se perdent. Aussi est-il ex-
pressément défendu, dans la plupart des alpes communales, à tout autre qu'au gardien, de chasser un troupeau du lieu qu'il a
choisi.

« Il faut ordinairement trois personnes pour
soigner un troupeau : le fromager, qui trait les
vaches et fait le fromage ; son aide, chargé de
faire le feu, de chercher le bois, de confec-
tionner le serret, de nettoyer les ustensiles et
de soigner les porcs ; enfin le vacher, qui
garde le troupeau, vient au secours des vaches en péril, ramène celles qui sont éga-
rées, etc. Dans les pâturages sûrs et avec une
bonne vache maîtresse, le vacher sert d'aide
au fromager. »

§ 2. — *Race de Schwitz.*

Les cantons de Schwitz, de Zug et de Glaris, qui sont les centres de production de la race connue sous le nom de *race de Schwitz*, appartiennent à la région montagneuse de la Suisse. Les versants des montagnes n'y sont pas trop abruptes et fournissent des pâturages riches et abondants; mais il n'existe malheureusement pas une proportion convenable entre l'estivage et l'hivernage, de sorte que le nombre des bestiaux est flottant. Considérable en été, il est forcément diminué aux approches de l'hiver par le manque de fourrages, et c'est de ces nécessités économiques que naît un commerce considérable de bestiaux entre le Wurtemberg, la Bavière et le nord de l'Italie. — A l'automne, on vend les élèves et les bêtes de rentes, et on ne garde que les vaches les plus belles et quelques jeunes taureaux qui perpétuent dans sa pureté la belle race de ces contrées; au printemps, on rachète un nombre d'animaux suffisant pour pâturer les herbages d'été.

Cet échange continuel de bestiaux, les qualités remarquables de la race de Schwitz et l'introduction de la fabrication des fromages dans les provinces allemandes limitrophes de la Suisse, ont peu à peu amené l'affinité des races, au moins à un certain degré, et c'est ainsi que la race de Schwitz a pénétré dans le Tyrol, la Bavière, le Wurtemberg, le grand-duché de Bade et la Lombardie.

Depuis quelques années, elle a été aussi introduite en France. M. Bella, directeur de l'école de Grignon, l'estimait infiniment, et s'est appliqué à la faire connaître. Il a cédé des taureaux et des vaches importés du canton de Schwitz, ou nés à Grignon, et l'a ainsi répandue peu à peu dans toutes les parties de la France, où elle s'acclimate sans difficulté, et où ses qualités laitières et sa sobriété ont été hautement appréciées.

La race de Schwitz diffère essentiellement de la race de Fribourg et de Berne, par son pelage, sa conformation et ses habitudes, et semble n'avoir de commun avec elle que ses magnifiques aplombs et la largeur de ses hanches.

Voici la description que fait M. Villeroy, des animaux de cette race : « La robe de ces bêtes est bai-marron où brun très-foncé, tirant parfois sur le grisâtre, avec une raie claire sur le dos ; le tour de la bouche, l'intérieur des oreilles, l'épine dorsale, le ventre, l'intérieur des cuisses sont blanchâtres ou jaunes. La tête est moins large que dans

les autres races de montagne; le cou souvent moins fort; la croupe, à sa naissance,
moins relevée. Les bêtes sont parfaitement
culottées, et les plus belles sont remarquables par l'écartement et l'aplomb de leurs
jambes de derrière.

« La taille varie à l'infini, de même que les
os sont plus ou moins gros. On croit que,
chez les vaches de cette race, le produit en
lait est plus considérable que chez les vaches de Fribourg, comparativement au fourrage consommé; transportées ailleurs, elles
s'acclimatent aussi plus facilement. On les
recommande également comme faciles à engraisser. Elles produisent des veaux très-
forts. »

Les vaches de Schwitz sont bonnes laitières
en effet, et il n'est pas rare que, passablement
nourries, elles donnent de 25 à 28 litres de
lait; mais leur lait renferme plus de caséum
que de principes butyreux, et quelques laitiers
des environs de Paris prétendent qu'il est
bleu. Le poil de ces bêtes est court et brillant.

C'est certainement une race d'un engraissement facile, et les succès de M. de Torcy
aux concours de Poissy ne peuvent laisser aucun doute à cet égard. M. de Torcy, qui, d'ordinaire, remporte les premiers prix à tous les

concours de boucherie, et qui le doit à son
remarquable esprit d'observation, a créé, en
Normandie, une race à lui, et dont les animaux viennent chaque année, par leur précoce et merveilleux engraissement, par la
puissance et la régularité de leur conformation, exciter l'admiration publique. — Eh
bien ! cette race a pour premier principe le
sang de Schwitz (fig. 15). — Il la nomme

(Fig. 15.)

durham-schwitz-normande ; et c'est avec des
vaches schwitz et des croisements normands,
et surtout durham, qu'il a opéré.

L'abondance du lait des vaches de Schwitz
n'a pas certainement une médiocre influence
sur le développement des jeunes animaux destinés à concourir comme bêtes de boucherie

dès avant l'âge de trois ans, et elles leur communiquent, en outre, leurs formes si parfaites et leur robuste tempérament. Le sang de Durham vient ensuite porter dans cet excellent moule, sa finesse et sa merveilleuse disposition à un engraissement précoce, et il trouve pour ainsi dire à l'avance ses défauts combattus et annihilés.

Un autre éleveur normand, M. de Verdun de la Crenne, de l'arrondissement d'Avranches, a opéré aussi des croisements des races de Schwitz et du Cotentin, et n'a pas obtenu des résultats moins intéressants que ceux de M. de Torcy. —Voici le résultat du pesage, à la boucherie, d'un lot de trois bœufs schwitz-cotentin abattus à Avranches, il y a peu d'années ; je regrette de ne pouvoir joindre à ces renseignements les poids vivants de ces animaux.

1ᵉʳ bœuf schwitz-cotentin.

Poids net des 4 quartiers...	902 kil.	
Suif......................	201	1,172 kil.
Cuir......................	69	

2ᵉ bœuf schwitz-cotentin.

Poids net des 4 quartiers...	843 kil.	
Suif......................	182	1,102
Cuir......................	77	

3º *bœuf schwitz-cotentin.*

Poids net des 4 quartiers..... 700 kil. |
 Suif..................... 200 } 959
 Cuir..................... 59 |

Comme bêtes de travail, les animaux de Schwitz sont forts et dociles ; mais les taureaux et les bœufs de cette race, que j'ai eu occasion de faire travailler, m'ont paru un peu mous ; je leur préfère de beaucoup les bœufs de la race de Fribourg, et je regrette de ne pas me trouver d'accord en cela avec M. Grognier, qui fait peu de cas de ces derniers, et qui dit, au contraire, que ceux de Schwitz sont « *éminemment propres au travail.* » — A supposer que mon expérience personnelle ne soit pas décisive, il me semble que les principes sur lesquels tout le monde est d'accord, et que je rappelais au commencement de cet ouvrage, trouvent ici leur application : les animaux qui prennent le plus facilement la graisse sont ceux qui sont lymphatiques, et un animal lymphatique n'est pas un énergique travailleur.

Quoi qu'il en soit, les qualités remarquables de la race de Schwitz la recommandent à tous les agriculteurs de l'Europe, et elle peut être croisée avec avantage avec quelques races de travail peu laitières ou trop grossières.

L'harmonie parfaite et la puissance des formes ne sont dans aucune autre race unies à
ce degré à la faculté laitière et à la facilité
avec laquelle les animaux prennent la graisse,
et on peut admettre la race de Schwitz dans
des cas où l'on repousserait, à cause de leurs
défauts de conformation, l'intervention des
races normande ou flamande.

FIN.

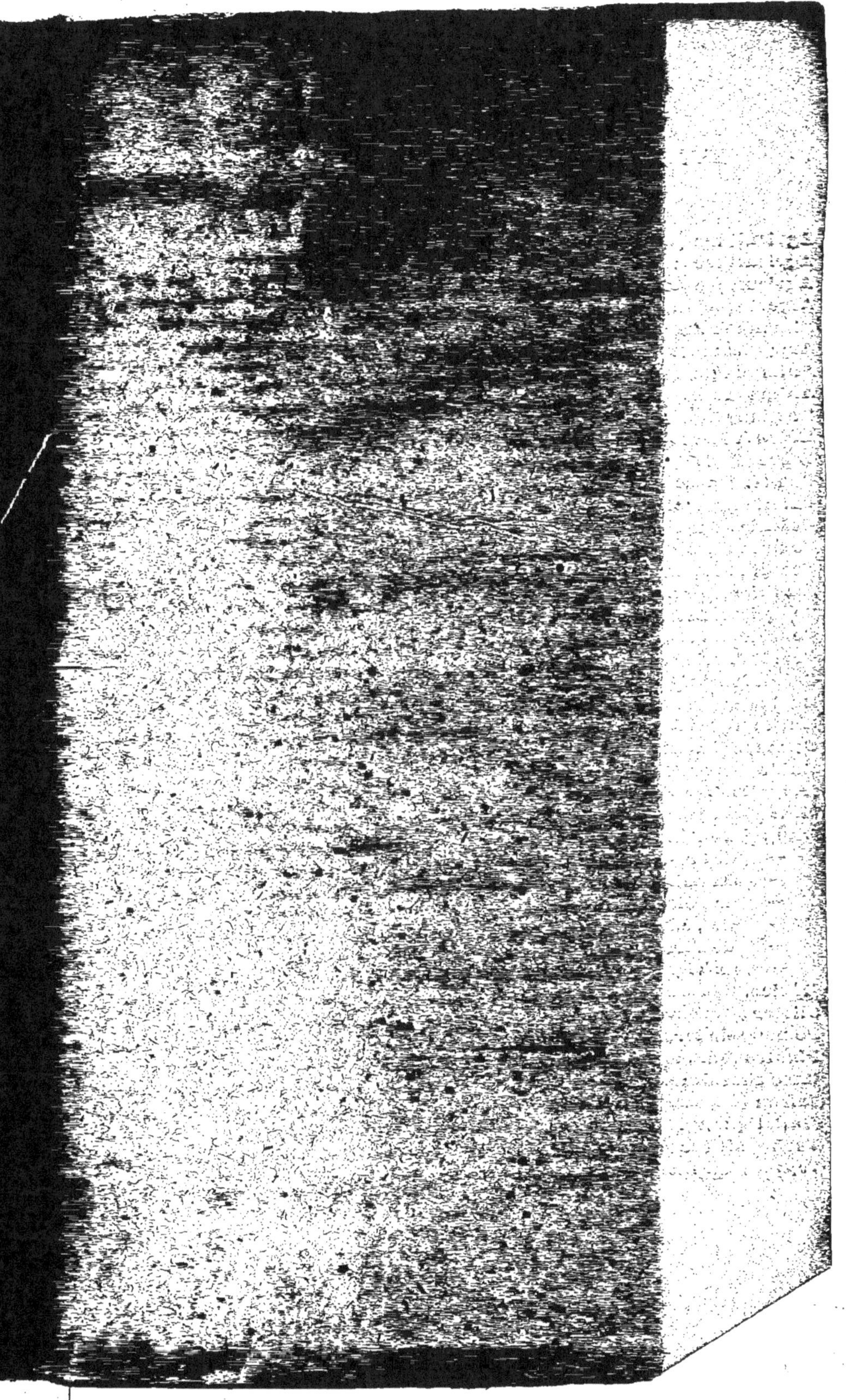

EXTRAIT DU CATALOGUE DE LA LIBRAIRIE AGRICOLE.

AGRICULTURE.

Agriculture (Cours d'), par Gasparin, 5 vol. in-8 avec gravures.

Agriculture allemande, ses écoles, ses pratiques, etc., par Royer, 1 vol. in-8.

Agriculture *de l'Ouest de la France*, par Rieffel, 1843 à 1847, 5 vol. in-8.

Algérie (Colonisation et agriculture de l'), par Moll, 2 vol. in-8 avec gravures.

Almanach du cultivateur et du vigneron (1852), 9ᵉ année, in-16 avec grav.

Amendements (Traité des) *Marne, Chaux, diverses espèces*, par Puvis, 1 vol. in-12.

Animaux domestiques (Multiplication et perfectionn.), par Grognier, 3ᵉ éd., in-8.

Animaux (Statique chimique des), et de l'emploi du SEL, par Barral, 1 vol. in-12.

Bestiaux (Production des) *en Allemagne, Belgique et Suisse*, par Moll, in-4.

Bêtes à laine (Considérations sur les), par Malingié, 1 vol. in-4, avec 4 planc. lith.

Bière (Traité de la fabrication de la), par Rohart, 2 vol. in-8, plan et 120 gravures.

Chaux. Son emploi en agriculture, par Piérard, 2ᵉ édition, in-12.

Chimie agricole (Précis élémentaire de), par Sacc, 1 vol. in-12.

Colonies agricoles (Etudes sur les), par de Lurieu et Roman, 1 vol. in-8.

Comptabilité agricole (Traité de), par De Granges, 1 vol. in-8.

Comptabilité agricole (Petit traité de) en partie simple, par De Granges, 1 vol. in-8.

Auxiliaire général, registre pour la comptabilité agricole. La main de 24 feuilles réglées.

Congrès central d'agriculture, 8ᵉ session, 1851, compte rendu, 1 vol. in-8.

Conseils aux agriculteurs, par Dezeimeris, 3ᵉ édition, 1 vol. in-12 de 654 pages.

Crédit foncier et agricole (Du) en Europe, par Josseau, 1 vol. in-8 de 620 pages.

Crédit foncier (Des institutions de) en Allemagne et en Belgique, par Royer, 1 v. in-8.

Drainage (De l'assainissement des terres et du), par Jules Naville, in-12 de 84 pages.

Durham (De la race bovine dite race de), par Lefebvre Ste-Marie, in-8 et atlas in-fol.

Garance (Mémoire sur la culture de la), par de Gasparin, in-8.

Guide des cultivateurs, par Dezeimeris, 2ᵉ édition, 1 vol. in-18 de 248 pages.

Irrigations (Pratique et législation des), par de Mornay, 1 vol. in-8.

Maïs (De la culture du), par Lelieur, de Ville-sur-Arce, in-12.

Manuel de l'éducateur d'abeilles, par de Frarière, 1 vol. in-12 avec gravures.

— **de l'estimateur de biens-fonds**, par Noirot, 1 vol. in-12.

— **du cultivateur de mûriers**, par Charrel, 1 vol. in-8.

— **de l'éleveur d'oiseaux de basse-cour** et de lapins, in-12.

— **de l'éducateur de vers à soie**, par Robinet, 1 vol. in-8 avec gravures.

— **de l'irrigateur**, par Félix Villeroy, 1 vol. in-8 avec gravures.

— **du vigneron**, par Odart, 1 vol. in-12.

Mûrier. Comment on peut le cultiver avec succès dans le centre de la France, in-8.

Olivier (Mémoire sur la culture de l'), par de Gasparin, in-8.

Pommes de terre (De la maladie des), par Decaisne, de l'Académie des sciences, in-8.

Plantes fourragères (Traité des), par Lecoq, 1 vol. in-8.

Race chevaline. Rapport au Conseil super. des haras, par le Gᵃˡ de Lamoricière, in-4.

Safran (Mémoire sur la culture du), par de Gasparin, in-8.

Statistique agricole de la France (Tableau de la), par Block, in-plano de 2 feuilles.

Vache laitière (Traité spécial de la) et de l'élève du bétail, 2ᵉ éd., 1 vol. in-8, grav.

Voyages agronomiques en France, par Lullin de Châteauvieux, 2 vol. in-8.

Paris. — Imprimerie d'E. Duverger, rue de Verneuil, 6.